重庆市柑橘、脆李、荔枝龙眼三大水果
优 质 高 效 生 产 技 术 丛 书

奉节脐橙
优质高效生产技术

重庆市农业农村委员会　重庆市特色水果产业技术体系　著

重庆出版集团　重庆出版社

图书在版编目(CIP)数据

奉节脐橙优质高效生产技术 / 重庆市农业农村委员会，重庆市特色水果产业技术体系著. —重庆：重庆出版社，2019.2(2021.12重印)

ISBN 978-7-229-14037-3

Ⅰ.①奉… Ⅱ.①重… ②重… Ⅲ.①橙子—果树园艺 Ⅳ.①S666.4

中国版本图书馆CIP数据核字(2019)第028266号

奉节脐橙优质高效生产技术
FENGJIE QICHENG YOUZHI GAOXIAO SHENGCHAN JISHU
重庆市农业农村委员会
重庆市特色水果产业技术体系 著

责任编辑：李 茜 徐 飞
责任校对：何建云
装帧设计：刘 倩

 重庆出版集团
重庆出版社 出版

重庆市南岸区南滨路162号1幢 邮政编码：400061 http://www.cqph.com
重庆出版社艺术设计有限公司制版
重庆天旭印务有限责任公司印刷
重庆出版集团图书发行有限公司发行
E-MAIL:fxchu@cqph.com 邮购电话：023-61520646
全国新华书店经销

开本：889mm×1194mm 1/32 印张：6.375 字数：86千
2019年2月第1版 2021年12月第3次印刷
ISBN 978-7-229-14037-3
定价：20.00元

如有印装质量问题，请向本集团图书发行有限公司调换：023-61520678

版权所有 侵权必究

《重庆市柑橘、脆李、荔枝龙眼三大水果优质高效生产技术》丛书编委会

主　任：刘保国

副主任：周　敏　曾卓华

编委会成员：（按姓氏笔画排序）

孔文斌　邓举宏　伍加勇　许兴权

余明芳　李　玲　李启波　李宏华

李　伟　李相进　李纯凡　吴正亮

吴兴文　吴雷波　肖功勋　陈　雁

罗小敏　罗　松　庞泽兴　周贤文

杨灿芳　范永前　徐　征　夏仁斌

黄　明（女）　黄　明　寇琳羚

解　娟　熊长春　熊　伟　谭革新

谭　锋

《奉节脐橙优质高效生产技术》编写组

主　编：熊　伟　黄涛江　夏仁斌
副主编：周贤文　曹学军　江学术
编写人员：(按姓氏笔画排序)

孔文斌　王　帅　付世军　江学术
冯　洋　刘文华　向　芳　齐安民
吴正亮　李相进　汪小伟　张　勋
唐　军　黄　明　黄启光　解　娟
谭俊杰

总　序

《重庆市柑橘、脆李、荔枝龙眼三大水果优质高效生产技术》丛书是专门为重庆地区发展柑橘、脆李、荔枝龙眼三大水果产业编写的特色水果生产技术丛书，包括《奉节脐橙优质高效生产技术》《巫山脆李优质高效生产技术》《荔枝龙眼优质高效生产技术》《柠檬优质高效生产技术》和《晚熟柑橘》五本。

重庆是世界柑橘、中国李的发源地之一，荔枝的历史栽培区。据《华阳国志》卷一《巴志》记载，公元前11世纪，因"巴师勇锐"有功，周武王封姬姓宗族于今鄂西川东地区，建号巴国，赐子爵，建都于重庆。"其地东至鱼复（今奉节），西至僰道（今宜宾），北接汉中，南极黔（今贵州）涪（今涪陵）。""其果实之珍者，树有荔支（荔枝），蔓有辛蒟，园有芳蒻、香茗，给客橙

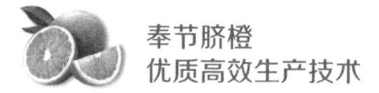

（柑橘）、葵。"这说明3000多年前，巴国（今重庆）种植荔枝、柑橘已有相当规模，并成为当时宫廷的贡品。刘琳《华阳国志校注》记载"鱼复县有橘官，至唐代，夔州柑橘列为贡品"，证实奉节设有橘官，柑橘品质优异，被列为贡品。《汉书·地理志》记载"巴郡有橘官"，说明汉唐时代重庆柑橘在全国就有着举足轻重的地位。

据记载，大唐开元年间，唐玄宗李隆基新娶生于忠州（今忠县）的杨玉环为贵妃，为取悦喜食新鲜荔枝的宠妃，下令修建栈道，以八百里加急的速度，将产自"涪州（今涪陵）之西，去城十五里"的新鲜荔枝快马加鞭送往长安，博得妃子一笑。唐代杜牧的"一骑红尘妃子笑，无人知是荔枝来"，更是将巴国所产贡品荔枝推向极致。苏轼《荔枝叹》："永元荔支来交州，天宝岁贡取之涪。"证实了杨贵妃所食荔枝来自涪州。涪陵的贵妃荔枝特供地点因此取名"妃子园"，迄今已有1300多年历史。

中国李也起源于长江流域，是我国栽培历史

总 序

最为悠久、分布最为广泛的果树之一。北魏《齐民要术》记载的李子品种和栽培技术中的青李，就是重庆和四川、贵州一带的青脆李，已有上千年历史。

重庆柑橘、脆李、荔枝龙眼三大水果栽种历史悠久，蕴藏着丰富的文化内涵，迄今依然稳居重庆地区特色农业之首，堪称"千年摇钱树"。2018年3月10日全国两会期间，习近平总书记参加重庆代表团审议，听取重庆市巫山县委书记李春奎、涪陵区南沱镇睦和村党支部书记刘家奇等汇报时，殷殷关切询问柑橘、脆李、荔枝龙眼三大水果的生产情况。重庆市委、市政府对此十分重视，为深入落实习近平总书记对重庆提出的"两点"定位、"两地""两高"目标和"四个扎实"要求，高质量推进重庆地区扶贫攻坚和长江经济带绿色发展，筑牢长江上游重要生态屏障，召开了促进三大水果产业发展专题会议，印发了重庆市《关于加快脆李、脐橙、荔枝龙眼三大水果产业发展的会议纪要》（专题会议纪要2018-

30），提出要牢固树立标准化、品牌化、科技化、市场化理念，着力在品种、品质、品牌上下功夫，加强品牌宣传和培育，将产品与当地人文地理、旅游资源等有机结合，赋予产品更多文化内涵、生态康养要素，讲好品牌故事，通过现场推介、媒体宣传、展览展示等方式打造区域公用品牌，促进产品销售，推动特色高效农业发展和乡村振兴。

重庆市农业农村委员会狠抓落实，制定了《脆李、脐橙、龙眼荔枝三大水果产业发展方案》，组织重庆市特色水果产业技术体系以及依托单位重庆市农业技术推广总站专家，总结凝练历年研究成果，发布了《奉节脐橙优质高效生产技术方案》《巫山脆李优质高效生产技术方案》《重庆市龙眼优质高效生产技术方案》和《重庆市荔枝优质高效生产技术方案》。为方便广大农民群众掌握和用好三大水果优质高效生产技术，促进创新驱动发展，相关单位决定联合出版《重庆市柑橘、脆李、荔枝龙眼三大水果优质高效生产技术》丛书，并成立了由重庆市农业农村委员会分管领导

总　序

任组长的丛书编委会和重庆市特色水果产业技术体系负责人任组长的丛书编写组。

《重庆市柑橘、脆李、荔枝龙眼三大水果优质高效生产技术》丛书各册分"优质高效生产技术"和"生产实作50问"两大部分（仅荔枝龙眼分册无"生产实作50问"），主要针对柑橘、脆李和荔枝龙眼等特定树种品种，内容相对独立，可以单独使用，均为近十年重庆市特色水果产业技术体系团队专家自主研发和集成创新成果的结晶，其中，三项核心技术被农业农村部定为全国农业主推技术，一项成果获国家科技进步奖二等奖，长江柑橘带建设、晚熟柑橘保果防落防枯水综合技术等六项成果分获农业农村部和重庆市科学技术奖一等奖，在全国具有领先性。

为方便广大技术人员和农民群众阅读，本丛书采用较大字号印刷，图文并茂。普通读者仅需阅读"优质高效生产技术"一章，即可基本掌握生产技术，需要进一步了解发展品种和技术原理与方法的读者，可参考"生产实作50问"。本丛

书适用于柑橘、脆李、荔枝龙眼三大水果的生产管理人员和广大果农,也可作为农村高职教育和新型职业农民教育的辅助教材、高等学校果树及相关专业师生参考资料。由于水平有限,疏漏和不妥之处在所难免,恳请专家和读者不吝指正。

熊 伟

2018 年 12 月

目 录

总 序 1

第一章 奉节脐橙优质高效生产技术 1

一、主栽品种与适宜区域 3
（一）奉节脐橙概念 3
（二）主要栽培品种 3
（三）适宜种植环境 3

二、新建标准园 4
（一）园地选择 4
（二）果园改土 5
（三）苗木要求 5
（四）苗木定植 6
（五）幼龄果园管理 6

三、果园改造 7
（一）配套基础设施 7
（二）高接换种 9
（三）更新换植 10

四、栽培管理 11
（一）深翻扩穴 11

（二）施肥管理　11
　　（三）水分管理　14
　　（四）整形修剪　15
　　（五）保花保果　16

五、晚熟脐橙管理　16
　　（一）防落果　16
　　（二）防枯水　17
　　（三）防霜冻　18

六、病虫害防治技术　18
　　（一）主要病虫害　18
　　（二）柑橘检疫性病虫害防控　19
　　（三）常规病虫害防控　20

七、果实质量要求　22
　　（一）感官指标　22
　　（二）理化指标　24
　　（三）质量安全要求　25

第二章　奉节脐橙生产实作50问　27

一、什么是奉节脐橙？　29

二、什么是晚熟脐橙？　29

三、奉节脐橙有哪些主栽品种？　30
　　（一）凤早脐橙（91脐橙）　30
　　（二）凤园脐橙（奉节72-1脐橙）　33

目 录

  （三）纽荷尔脐橙　36

  （四）福本脐橙　38

  （五）凤晚脐橙　40

  （六）红翠2号脐橙　43

  （七）伦晚脐橙　45

  （八）红肉脐橙　48

  （九）鲍威尔脐橙　52

  （十）班菲尔脐橙　55

  （十一）切斯勒特脐橙　58

  （十二）龙回红脐橙　60

四、奉节脐橙为何要限制在海拔500米以下区域种植？　63

五、奉节脐橙种植环境有哪些要求？　64

六、奉节脐橙建园为何要改良土壤？　66

七、山坡地脐橙园改土和缓坡地改土有何不同？　67

八、适宜奉节脐橙的砧木种类有哪些？　70

九、如何保证奉节脐橙苗木繁育和出圃质量？　71

十、为何脐橙栽植要选用无病毒容器苗木？　72

十一、奉节脐橙园栽植为何采用宽行窄株方式？　76

十二、奉节脐橙栽植株行距多少为宜？　77

十三、奉节脐橙的最佳栽植时间？　78

十四、奉节脐橙一年要抽发几次枝梢？各有什么作用？　78

（一）按发生时间顺序分类　79

　　（二）按生长状态和结果分类　81

十五、如何管护好幼龄脐橙果园？　83

十六、如何进行脐橙修剪？　86

十七、脐橙园怎样设置道路系统？　88

十八、怎样进行脐橙高接换种？　89

十九、哪些因素影响脐橙高接换种接芽成活率？　93

二十、怎样进行衰老脐橙园的更新换植？　94

二十一、奉节脐橙园为什么要进行深翻扩穴？　95

二十二、如何进行奉节脐橙园深翻扩穴？　96

二十三、什么是柑橘营养诊断配方施肥？　98

二十四、为什么奉节脐橙要进行营养诊断施肥？　99

二十五、脐橙有哪些必需矿质营养元素？　102

二十六、什么是微肥？为何奉节脐橙要施用微肥？　104

二十七、如何施用微量元素肥？　105

二十八、奉节脐橙为什么要选用硫酸钾型复合肥？　107

二十九、为什么要推荐氮磷钾10∶4∶8的有机复混肥？　109

三十、脐橙有机肥替代化肥有几种模式？　111

三十一、什么是脐橙生草栽培？　114

目 录

三十二、为什么要推广脐橙生草栽培？ 115

三十三、脐橙生草栽培技术要点是什么？ 116

三十四、怎样实施沼液肥水一体灌溉？ 118

三十五、为何要推广柑橘穴灌非充分灌溉技术？ 123

三十六、脐橙是如何进行花芽分化的？ 128

三十七、如何促进脐橙花芽分化？ 130

　　（一）脐橙开花的基本规律 130

　　（二）脐橙的促花技术 131

三十八、奉节脐橙如何保花保果？ 133

　　（一）奉节脐橙落花落果原因 133

　　（二）奉节脐橙保花保果技术 135

　　（三）奉节脐橙的疏花疏果 139

三十九、晚熟脐橙与中熟品种比较有何不同？ 141

四十、怎样防控晚熟脐橙冬季落果和果实枯水？ 143

四十一、什么是晚熟脐橙"三防"技术？ 146

　　（一）防落果技术 147

　　（二）防枯水技术 149

　　（三）防霜冻技术 152

四十二、脐橙检疫性病虫害有哪些？ 153

四十三、如何防治柑橘大实蝇？ 153

四十四、如何防控柑橘溃疡病？ 156

四十五、奉节脐橙常见病虫害有哪些？ 157

四十六、奉节脐橙病虫害防控为何首选生物物理技术？ 159

四十七、脐橙病虫害生物物理防控技术内容是什么？ 161

四十八、如何进行冬季清园？ 166

四十九、如何防治脐橙主要常见病虫害？ 167

（一）主要虫害及防治技术 168

（二）主要病害及防治技术 175

五十、什么是脐橙果实返青？如何防治？ 179

第三章 适宜范围与技术标准 183

一、奉节脐橙生产适宜范围 185

二、柑橘营养诊断标准值 186

○ 第一章 ○

奉节脐橙优质高效生产技术

一、主栽品种与适宜区域

（一）奉节脐橙概念

指产于重庆三峡库区奉节、开州、云阳、巫山等区县海拔 500 米以下河谷地区，符合《地理标志产品　奉节脐橙》（DB 50/T 770）质量标准，具有果大形正、果皮橙红、光洁美观、肉质脆嫩化渣、风味浓郁、无籽等特点的脐橙。

（二）主要栽培品种

凤早（奉节 91）、凤园（奉节 72-1）、凤晚（95-1）、纽荷尔、龙回红、伦晚、红肉、鲍威尔、班菲尔、切斯勒特、红翠 2 号等。

（三）适宜种植环境

1. 气候

年平均气温 17.5℃ ~ 19.2℃，年积温 5750℃ ~

6300℃，1月平均温度≥7.1℃，极端低温≥-3℃，年均降雨1050毫米～1230毫米，年日照时数1460小时～1640小时，无霜期长，空气相对湿度65%～72%，果实成熟期昼夜温差较大。

2. 土壤

pH值5.5～8.2，有机质含量≥1.0%，土层深厚0.8米左右，活土层在0.5米以上，地下水位1米以下的黄壤土、紫色土等，均适宜种植。

二、新建标准园

（一）园地选择

主要选择长江及其支流河谷地区土壤有机质含量1%以上、土壤质地疏松、土层深厚的砂壤土、黄壤土、紫色土建园，水源有保障，且交通方便。土壤不符合条件的园地应进行改良。

（二）果园改土

1. 坡地改土

采用定植穴聚土起垄改土。定植穴规格：长0.8米~1.0米，宽0.8米~1.0米，深0.8米，聚集表层土拌和有机物回填起垄，聚土起垄高度应高出地面0.3米~0.5米。

2. 平缓地改土

宜采用南北向垄畦改土，可每10米起垄2行，表土拌和有机物回填，垄高0.6米左右，修建排水沟1条，排水沟距垄顶深0.8米左右。

（三）苗木要求

1. 苗木质量

新建园苗木应采用无病毒容器苗，不得携带柑橘黄龙病、溃疡病等检疫性病害和裂皮病、碎叶病等病毒类病害，质量符合重庆市《柑橘容器苗繁育技术规程》（DB 50/T 486）的规定。

2. 砧木选择

果园土壤 pH 值为 5.5～7.0 的选用枳砧、枳橙砧，pH 值≥7.0 的选用红橘砧或香橙砧。

(四) 苗木定植

1. 定植密度

果园栽植应实行宽行窄株，满足果园机械作业需求。采用红橘砧、香橙砧、枳橙砧，株行距 3 米×5 米为主，亩①栽 40 株～50 株；采用枳砧，株距 3.0 米，行距 4.0 米～5.0 米，亩栽 50 株～60 株。

2. 栽植时期

露地苗分春秋两季定植，容器苗除 12 月至次年 1 月外，其他月份均可定植。

(五) 幼龄果园管理

1. 管理原则

脐橙幼树管理主要是促进幼苗正常生长，提高新梢生长及尽快形成合理树冠、树形。幼龄树

---

① 1 亩约等于 0.0667 公顷。

追肥在2月下旬至8月上旬进行，追肥以"少施勤施"为原则，氮、磷、钾施用比例为1∶0.3∶0.5左右，促发春、夏、秋梢，使之迅速形成树冠。

及时防控病虫害，严防各种危险性病虫害的发生；加强果园灌溉与排水，以及中耕除草等。

2. 果园间作

幼龄脐橙园可间种蔬菜、多年生豆科和禾本科牧草植物，如白三叶草、黑麦草等。8月下旬至次年1月中旬进行深翻扩穴，改良土壤。结果脐橙园自然生草，应及时割除鬼刺针、苍耳子、野青蒿、葛藤等恶性杂草，7月伏旱来临前，刈割覆盖树盘保墒。严禁种植玉米、油菜等高秆作物。

三、果园改造

（一）配套基础设施

果园应按照《标准果园建设规范柑橘》（NY/T 2627）要求，配套建设适宜的灌溉、排水和作

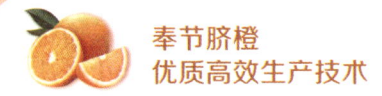

业便道等基础设施。

1. 排水系统

排水系统包括排水沟、截洪沟、箱沟等;箱沟为土沟,深20厘米~40厘米,主要排除田间表层积水;田间排水沟一般为土沟,深80厘米,主要降低田间地下水位,防涨水;截洪沟主要拦截山洪,应根据汇水面和比降计算沟渠大小,接入主排水沟和溪、河及堰塘前,应配套修建沉沙凼拦截泥沙,沉沙凼一般1米^3~5米^3,兼做蓄水池;田间排水应通过主排水沟接入缓冲堰、塘,滞留泥沙削减氮磷。

2. 道路系统

果园应配套完善道路系统,果园道路系统主要包括主干道、作业便道和田间循环耕作道路。主干道是园区货物进出运输通道,宽度应在3.5米以上,满足5吨以上运输车辆通行;作业便道,主要满足小型运输机械和农机通行,宽1.8米~2.0米为宜;平地或缓坡果园应预留方便运输、耕作机械通行的田间耕作道路系统,满足耕作机械行间作业及田间掉头的需要。

3. 灌溉

提倡水肥药一体化灌溉和沼液肥水一体灌溉。

（二）高接换种

1. 基本要求

对树龄在20年以内、病虫危害严重，但枝干基本正常的果园，通过高接换种换掉老旧品种、混杂品种，品种混杂果园高换应选用与主栽品种一致的品种。

2. 换接要求

高接换种接穗应采自网室隔离保护的无病毒接穗，或经县级以上果树技术部门组织鉴定确认无柑橘黄龙病、溃疡病和严重病毒病的定点采穗园，严禁从柑橘黄龙病、溃疡病等检疫性病害发生区调运接穗。高接换种中应注意嫁接过程中的人员、工具消毒，避免危险性病害随人员、工具交叉传播。

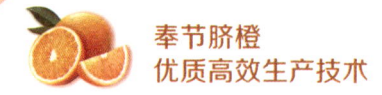

3. 接后管理

换接后应及时解膜、除萌、扶干,加强肥水管理,确保新梢抽发与老熟,力争 2 年~3 年内重新投产。

(三) 更新换植

对病虫危害严重、品种老旧、树龄在 20 年以上、难以通过栽培管理得到改善的衰老果园,可通过更新换植淘汰。更新换植应按照新建标准化园要求进行土壤改良和配套基础设施建设。

对一些品种适应市场需求,仅部分树体遭病虫危害,或缺窝的果园可以进行部分换植、补栽,换植、补栽品种应与原果园主栽品种一致。换植苗木应符合重庆市《柑橘容器苗繁育技术规程》(DB 50/T 486)的规定。

果园更新换植后,应按照幼龄果园管理要求,加强田间幼树管理,使其树冠尽快达到丰产树冠,尽早投产。

四、栽培管理

(一) 深翻扩穴

可沿树冠滴水线外挖槽,填埋绿肥、饼肥或腐熟有机肥等,与土壤混合均匀;或应用大型作业机械进行行间深耕深松,逐年进行柑橘园深耕改土,改变果园土壤结构,使之适宜脐橙生长发育。

(二) 施肥管理

1. 施肥次数及施用量

提倡柑橘营养诊断指导配方施肥,一般每年施肥2次~4次,盛产果园每亩全年施肥量约100公斤~150公斤硫酸钾型柑橘专用有机无机长效复混肥,有机质≥20%,氮、磷、钾比例为10%:4%:8%。生长期还需叶面喷施浓度为0.2%的硼、锌、镁等微量元素肥料。不建议使用氮、磷、钾比例为15:15:15的硫酸钾型复合肥,以避免磷钾元

素的浪费及果园绿藻发生。

2. 施肥时期

春季促花肥：叶片检测显示氮含量低于 2.8% 的果园，在 2 月中旬至 3 月，施 1 次促花肥，施肥量占全年的 20%。叶氮含量超过 2.8% 的果园不施用。

保果肥：叶片检测显示氮含量低于 2.5% 的果园，在谢花后的 5 月上中旬，施 1 次保果肥，施肥量占全年的 20%。

壮果肥：在第二次生理落果结束后的 6 月下旬至 7 月上旬施一次保果肥，施肥量占 20%~40%，所有果园均应施用。已施过促花肥、保果肥的果园应酌情减少本次施肥量。

秋季基肥：在 9 月下旬至 10 月上旬施入，以有机肥为主，施肥量占全年的 40%~60%。

柑橘禁用氯化钾、氯化钾型复合肥和复混肥，采用畜禽粪便有机肥的果园，应强化排水，利用暴雨径流洗盐，控制土壤氯元素过高。

3. 有机肥替代化肥

商品有机肥替代：主要是养殖粪便和秸秆橘渣等农业废弃物腐熟发酵生产的有机肥或有机无机复合（混）肥料。商品有机肥应符合《有机肥料》（NY 525）的规定，有机无机复混肥料应符合《有机—无机复混肥料》（GB 18877）的规定。

自制有机肥替代：主要利用养殖粪便、秸秆等农业废弃物堆沤腐熟的有机肥，或利用整形修剪的废弃枝条，就地粉碎还田，用作树盘株间覆盖物，用以保墒和提高土壤有机质。

农用沼液替代：主要以畜禽粪污、农作物秸秆等有机废弃物为主要原料，利用厌氧发酵工程处理产生的农用沼液对农作物进行施肥和灌水，农用沼液的质量应符合《农用沼液》标准的要求，未达标不得用于农业生产，向环境排放的沼液应符合《畜禽养殖业污染物排放标准》（GB 18596）的规定。

生草栽培替代：利用果树株行间空闲土地，选留适宜的原生杂草或种植多年生白三叶草、黑

麦草等低矮牧草，完全覆盖土地，增加土壤有机质，抑制恶性杂草，生产草饲料和替代化肥。采用生草栽培管理的果园，应禁用除草剂。

（三）水分管理

1. 灌溉抗旱

柑橘园缺水干旱时应及时灌水抗旱。可选择树盘盖草覆盖和穴灌非充分灌溉抗旱。穴灌抗旱，在树冠滴水线附近，挖1个~2个长宽深30厘米左右的土坑，每次每株灌水30公斤~50公斤，灌水后用杂草覆盖灌溉穴保墒，伏旱期间7天左右灌溉1次。

2. 排水除涝

应及时疏通沟、渠、凼，确保连阴雨季果园积水时能迅速排除，确保果园无积水；也可采用地膜覆盖行间土壤的方式，阻隔进入树根际区，降低土壤含水量，确保果实品质。

（四）整形修剪

1. 整形

树冠以自然开心形或圆头形为主。综合运用控高、开天窗等修剪方法，将树高控制在 2.5 米～3.0 米。高度超过 3.0 米的枝干，应及时在中心干或主枝距地面 2.5 米处短截，控制树冠高度。

2. 修剪

综合运用抹芽、摘心、拉枝、撑枝、扭梢和短截、回缩、疏枝等修剪方法，使树冠形成丰产稳产的树体结构。注意通过修剪剪除交叉枝、拖地枝、病虫枝、干枯及过密的细弱枝，确保树冠株间无交叉、重叠枝，改善果园通风透光条件；树冠底部重点是剪除离地距离≤0.5 米的下垂、拖地枝。

3. 郁闭园整形修剪

剪除病虫枯枝、过密枝、交叉枝、重叠枝等，重塑柑橘树冠树形，达到果园通风透光和便于生产管理的要求。

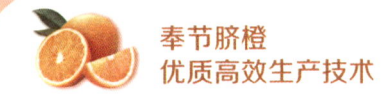

奉节脐橙
优质高效生产技术

（五）保花保果

花谢 2/3 时，喷保果剂细胞分裂素加赤霉素（BA+GA）、杀菌剂和微肥，间隔 1 个月再喷 1 次；果实转色期喷保果剂和杀菌剂，间隔 1 个月后再喷 1 次；可环割保果。

五、晚熟脐橙管理

晚熟及留树保鲜的奉节脐橙，除前述管理外，还应重点防控冬季落果、果实枯水和霜冻。

（一）防落果

1. 防涝保果

冬季低温来临前，应及时疏通园区沟、渠、凼。排水沟主要为土沟，深度 0.8 米左右，及时排除果园积水，保持果园的土壤适度干燥。

2. 补钾保果

提高树体钾元素含量，可提高树体的抗逆能

力。针对叶片检测叶钾含量低于 1.0% 的果园应补钾。补钾方法：叶钙含量低于 4.5% 的果园，应增加土壤施钾量；对叶钙含量超过 4.5% 的缺钾果园，在 10 月至 11 月喷施 1 次 ~2 次 0.2% 硫酸钾，打破树体钙钾拮抗，防控冬季落果，并同时控制钙肥施用，禁用石灰、石硫合剂、波尔多液等高钙物料和药剂。

（二）防枯水

1. 采前灌溉

果园如发生春旱，宜在果实采收前进行灌溉，增加树体水分，提高果实含水，减轻枯水发生。一般 10 天 ~15 天灌水 1 次，直至果实采收结束。灌溉采用穴灌为主，每株次灌水约 50 公斤，若发生降雨，应顺延。

2. 叶面补锌

营养诊断检测叶锌含量低于 25 毫克/公斤的果园，应在谢花后的 5 月初通过叶面喷施 1 次 0.2% 硫酸锌保果。并在 10 月至 11 月再通过叶面喷施

奉节脐橙
优质高效生产技术

相同含量的硫酸锌2次，防治果实枯水。

（三）防霜冻

1. 合理避霜

长江三峡库区大水体迎水面海拔400米以下区域，或极端低温高于-2℃的坡地、没有霜冻危害的区域，可不用覆膜防霜防冻。

2. 覆膜防霜

针对易发生霜冻的地区和冷空气易于集聚的低洼地，冬季寒潮来临之前，应采用树体覆膜或树盘覆盖，防止低温寒潮对果实、叶片、树体的直接损伤。

六、病虫害防治技术

（一）主要病虫害

1. 主要虫害

奉节脐橙的主要害虫：柑橘红黄蜘蛛、潜叶

蛾、恶性叶甲、蓟马、蚜虫、黑柞蝉、天牛、粉虱、锈壁虱、蚧壳虫、花蕾蛆等。

2. 主要病害

奉节脐橙的主要病害：脚腐病、树脂病、炭疽病、果实褐斑（黑星）病、绿藻等。

（二）柑橘检疫性病虫害防控

1. 柑橘大实蝇防控

5月下旬至7月下旬，选用仿生粘虫诱杀球，每亩挂5个~6个，间隔15天更换1次。9月下旬至11月摘除未熟先黄果，每2天~3天捡摘落果、虫果1次，集中放入厚型塑料袋内，扎紧袋口密闭15天以上。

2. 柑橘溃疡病防控

严禁从重庆市外调运柑橘种苗、接穗等繁殖材料，也不得从市内溃疡病发生区域调运。对已发生柑橘溃疡病的果园，必须进行全面砍烧销毁，包括地下部分消毒处理，砍烧后3年不得再次种植柑橘类和十字花科类植物。

（三）常规病虫害防控

1. 基本原则

常规病虫害防控要坚持预防为主、绿色防控的原则，合理应用农业、生物、物理和化学防治等综合措施，应适时喷药，科学用药。

2. 冬季清园

当年12月到翌年1月进行冬季清园，对果园中的废弃果枝叶、树冠内外进行全园喷施1次波美浓度3度~5度石硫合剂或等量式波尔多液清园，控制越冬病原基数。叶钙量超过4.5%的果园，慎用石硫合剂、波尔多液等含钙药剂，可改用松脂合剂、机油乳剂或代森锰锌、代森锌等药剂。

3. 生物物理防控

太阳能杀虫灯：根据主要虫害类型，选择目标害虫敏感光源，按每40亩安装1盏，灯高3.0米~3.5米或高出树冠0.5米，用于控制潜叶蛾、吸果夜蛾、椿象等。

粘虫板带：防控柑橘粉虱、蚜虫、蓟马、实蝇等趋色性害虫，宜采用粘虫色板，主要悬挂在树冠部位，最低悬挂密度为每4株挂一张，附着的害虫达到一定量，或3个月后黏性不足时及时更换，黄板、蓝板比例为（2~3）∶1；防控红黄蜘蛛、蛞蝓、蜗牛等上下树习性的害虫，宜采用粘虫带，主要用在主干基部附近，防控蛞蝓、蜗牛等可分泌黏液的害虫，宜采用含触杀药剂的粘虫带。

诱杀：采用糖、酒、醋诱杀罐和性诱剂等诱杀实蝇、吸果夜蛾、卷叶蛾等害虫。

天敌：可挂捕食螨，控制红黄蜘蛛、锈壁虱、蓟马等害虫，每株1袋。

树干涂白：主要针对天牛和栖息在树干的越冬病虫害防控，刷白高度为离地80厘米或第一级分枝处，刮去树干翘皮，均匀刷上涂白剂。

矿质农药：根据柑橘营养诊断检测数据，结合必需矿物质需求，按照控丰补缺的原则，遴选含有益营养元素矿物质的农药，如硫酸铜、硫酸

锌、硫酸镁、硼砂等；或矿物质的混合制剂，如波尔多液、石硫合剂等；或含有益微量元素的化学农药，如代森锰锌、代森锌、松脂酸铜等低毒低残留农药，防病害同时补微肥。禁限用含有树体过量矿质营养元素的农药。

4. 化学防治

当病虫发生数量和柑橘树遭受危害程度达到防治指标时，可以选择性使用高效、低毒、低残留的化学农药进行选择性防治，化学农药使用应符合《农药合理使用准则》（GB/T 8321.1~8321.10）。

七、果实质量要求

（一）感官指标

奉节脐橙根据其感官指标分为特级、一级、二级。感官指标应符合表1-1规定。

表1-1 感观指标

等级	品种	果形	果实横径（毫米）	色泽	果面光洁度
特级	纽荷尔、91脐橙等	短椭圆形至椭圆形，无畸形果	75~85	橙红，色泽均匀，着色率90%以上	果面光洁，无明显油胞下陷、机械伤、日灼斑及病虫斑，斑疤及污物等附着物的面积总和≤1.0厘米²/果
特级	凤园脐橙、福本、凤晚脐橙、伦晚等	圆球形或扁圆形，无畸形果。脐孔直径≤10毫米	75~85	橙黄至橙红，色泽均匀，着色率90%以上	
一级	纽荷尔、91脐橙等	短椭圆形至椭圆形，无畸形果	75~85	橙红，色泽均匀，着色率85%以上	果面光洁，无明显油胞下陷、机械伤、日灼斑及病虫斑，斑疤及污物等附着物的面积总和≤2.0厘米²/果
一级	凤园脐橙、福本、凤晚脐橙、伦晚等	圆球形或扁圆形，无畸形果。脐孔直径≤10毫米	75~85	橙黄至橙红，色泽均匀，着色率85%以上	

续表

等级	品种	果形	果实横径（毫米）	色泽	果面光洁度
二级	纽荷尔、91脐橙等	短椭圆形至椭圆形，无畸形果	70~95	橙红，色泽均匀，着色率80%以上	果面光洁，无明显油胞下陷、机械伤、日灼斑及病虫斑，斑疤及污物等附着物的面积总和≤4.0厘米^2/果
	凤园脐橙、福本、凤晚脐橙、伦晚等	圆球形或扁圆形，无畸形果。脐孔直径≤15毫米	70~95	橙黄至橙红，色泽均匀，着色率80%以上	

（二）理化指标

理化指标应符合表1-2的规定。

表1-2 理化指标

项目	指标
可溶性固形物(%)	≥10.0
可滴定酸(%)	≤0.9
可食率(%)	≥65
固酸比	≥11.0

(三) 质量安全要求

果品安全要求应符合《食品安全国家标准 食品中污染物限量》(GB 2762)、《食品安全国家标准 食品中农药最大残留限量》(GB 2763)的规定。

○ 第二章 ○

奉节脐橙生产实作 50 问

一、什么是奉节脐橙？

指产于重庆三峡库区奉节、开州、云阳、巫山等区县海拔 500 米以下河谷地区，产品符合《地理标志产品　奉节脐橙》（DB 50/T 770）质量标准，具有果大形正、果皮橙红、光洁美观、肉质脆嫩化渣、风味浓郁、无籽等特点，经奉节脐橙产业协会授权的龙头企业、专业合作社和种植大户等生产主体产销的脐橙。

二、什么是晚熟脐橙？

晚熟脐橙是果实成熟采收期需要跨越冬季，在翌年 2 月至 6 月才能成熟收获的脐橙品种的统称。

部分中熟品种如纽荷尔脐橙、凤园脐橙果实采收期较长，可以延后至 1 月至 3 月，但在上年 12 月份已基本成熟，不能称为晚熟脐橙。

三、奉节脐橙有哪些主栽品种？

奉节脐橙主栽品种为：

早熟品种：凤早脐橙（91脐橙）、龙回红脐橙。

中熟品种：凤园脐橙（奉节72-1）、纽荷尔脐橙、福本脐橙。

晚熟品种：凤晚脐橙（95-1脐橙）、红翠2号脐橙、伦晚脐橙、红肉脐橙、鲍威尔脐橙、班菲尔脐橙、切斯勒特脐橙。

（一）凤早脐橙（91脐橙）

图2-1 凤早脐橙果实图（刘文华/摄）

图 2-2　凤早脐橙丰产图（刘文华/摄）

1. 选育经过

1989 年至 1990 年，四川省万县市柑桔研究所和奉节县园艺场联合在奉节县园艺场所属奉园 72-1 脐橙园内进行提纯选优。1991 年，从选出的 250 余株中，发现奉园 91-1 号和奉园 91-2 号两个优选单株。通过 7 年连续观察母树、嫁接子代和高接换种树，果实较奉园 72-1 脐橙早熟 15 天左右，果大整齐，外观极美，品质特优，综合经济性状超过奉园 72-1 脐橙，显示出优良的早熟特性。

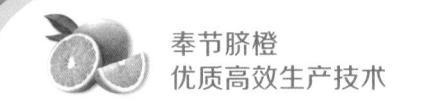

1995年通过四川省万县市科学技术委员会组织的专家鉴定。2008年通过重庆市农作物品种审定委员会审定，命名为"91脐橙"。为了向国家质量技术监督总局申请"奉节脐橙"地理标志产品保护，根据专家评审意见，避免品种名与商品名的相同或相近，经奉节县脐橙产业发展局和奉节县脐橙研究所申请、重庆市农作物品种审定委员会审定，2009年4月更名为"凤早脐橙"。

2. 品种介绍

凤早脐橙果实短椭圆形至长圆形，果面橙红色，果皮油胞细密，较光滑，脐小多闭合。单果重210克，果形指数1.02，可溶性固形物11.2%，酸0.64%，维生素C 50.85毫克/100毫升。肉质脆嫩化渣，汁多，酸甜适口，风味浓郁，富有香气，无核，品质极优。成熟期11月中下旬，比"奉节脐橙"提早成熟15天左右。丰产稳产，适应性强。

(二)凤园脐橙(奉节 72-1 脐橙)

图 2-3　凤园脐橙果实图(刘文华/摄)

图 2-4　凤园脐橙丰产图(黄涛江/摄)

1. 选育种过程

1953 年 10 月,奉节县国营草堂果园负责人王善之从江津园艺试验站引进一批华盛顿接穗—甜橙砧脐橙苗试种,1957 年开花结果。其中 2 株性

状表现优良，树势好，结果多，果实大，色泽鲜艳，抗逆性强，味道极佳。

1972年冬，四川省柑桔良种选育协作组、西南农学院蒋聪强教授等3人到奉节县园艺场，该场负责人介绍两株脐橙树的优良表现。经专家组田间观察鉴定，确定其中1株果实品质特别好，按自编号命名为"奉园72-1脐橙"。当年，奉节县园艺场将果实送四川省柑桔良种选育协作组参加鉴评，在全省选送的101个脐橙果样中，唯奉园72-1脐橙在同类脐橙中中选。1973年、1974年和1977年，多次送四川省柑桔良种选育协作组参加鉴评，均中选。1973年，在西南大学（原西南农学院）庄宝仁教授和中国农业科学院柑桔研究所陈竹生研究员等专家的指导下，通过高接换种，建立奉园72-1脐橙无性第一代（F1）母本园105株；1979年，奉节县园艺场和县外贸公司联合，通过高接换种又在奉节县园艺场建立奉园72-1脐橙第二代（F2）母本园3000株60亩，在安坪镇（原安坪公社）三沱村、永乐镇（原对县公社）酒溜村（原安渡村）、白帝镇（原白帝公社）坪上等村建立奉园72-1脐橙第二代（F2）母本园共50余亩。连续多年的观察分析表明，奉园72-1脐橙遗传性稳定，果实品质优良，丰产稳产，适应性强。

2000年通过重庆市农作物品种审定委员会审定，命名为"奉节脐橙"，2008年更名为"凤园脐橙"（又名72-1脐橙）。

2. 品种介绍

凤园脐橙果实短椭圆形或圆球形，深橙至橙红色，脐较小。单果重180克~250克，果形指数0.98，可溶性固形物11.6%，酸0.72%。肉质细嫩化渣，多汁味甜，风味浓郁，无核，品质上等。成熟期12月中旬。丰产稳产，适应性广，是奉节县脐橙产业发展的主栽品种。时任中国农业科学院柑桔研究所所长的沈兆敏研究员曾称赞："奉节脐橙是甜橙中的佼佼者，是奉节的优势，不能丢掉这个优势。"

(三)纽荷尔脐橙

图 2-5 纽荷尔脐橙果实图(黄启光/摄)

图 2-6 纽荷尔脐橙丰产图(黄启光/摄)

1. 引种经过

纽荷尔脐橙原产美国，由加利福尼亚州杜瓦迪（Duarte）的华盛顿脐橙芽变而成。1978年引入我国，由于外观美，成熟期早，品质优良，1994年引入云阳县通过高接换种进行示范推广。

2007年纳入重庆市柑橘主导发展品种，在云阳、巫山、奉节等地得到较快发展。

2. 品种介绍

纽荷尔脐橙树势生长较旺，树势强健，开张，树冠扁圆形或圆头形。枝梢短密粗壮，有小刺，叶色浓绿，以中、短果枝结果为主，坐果率高。叶片呈长椭圆形，叶色深，结果比朋那脐橙和罗伯逊脐橙稍晚。

纽荷尔脐橙果实椭圆至长椭圆形，果皮深呈橙红色，果顶微凸，具脐，多为闭脐。果形美观、色泽鲜艳，果皮光滑，皮厚0.42厘米~0.55厘米，剥离难，具清香味。果大，单果重约200克~270克。果肉细嫩，脆而化渣，瓤瓣9片~13片，不甚整齐，肾状，稍难分离；汁多，汁胞橙黄色，

排列整齐，酸甜适口，具清香味，风味浓郁，香气醇厚，无核，品质上等。果实可溶性固形物为11%~14%，酸0.7克/100毫升~0.9克/100毫升，维生素C 54.7毫克/100毫升，可食率73%~75%。

在三峡库区，纽荷尔脐橙一般于12月成熟，可挂树贮藏至翌年2月采摘，较耐贮藏，品质优等。在正常管理下，定植后三年开始挂果，五年后逐步丰产，定植45株/亩左右，一般亩产可达1500公斤，第七年后进入盛产期，亩产可达3000公斤。

（四）福本脐橙

图2-7 福本脐橙果实图（黄涛江/摄）

图 2-8　福本脐橙丰产图（黄涛江/摄）

1. 引种经过

福本脐橙原产日本和歌山县，系华盛顿脐橙芽变，以果面色泽深橙红色而著称，我国于1981年从日本引入，重庆、四川、江西等地有少量栽培。

2. 品种介绍

福本脐橙树势中等，树形较开张，树冠中等大，圆头形，枝条较粗壮，在重庆北碚区萌芽力和成枝力较强，内膛容易郁闭；自然坐果率较低，

果实短圆形或球形，橙红色，多闭脐，蒂部周围有明显的放射沟。果皮中厚，较易剥离。该品种产量中等，成熟早，果面光滑，色深而艳丽。油胞比华盛顿脐橙细，成熟时果皮颜色深橙红色，富光泽，在重庆奉节种植的福本脐橙果面有天然果粉。果实可溶性固形物 12.0%，酸 0.9%。肉质脆嫩，化渣多汁，香气浓郁，品质优，无核。在我国南亚热带地区 10 月下旬可上市，是一个肉先熟皮后熟的品种，最适上市时间 11 月上旬，在重庆成熟时期为 11 月下旬。枳、红橘和香橙可以作为砧木。

（五）凤晚脐橙

图 2-9　凤晚脐橙果实图（黄涛江/摄）

图 2-10　凤晚脐橙丰产图（黄涛江/摄）

1. 选育种过程

凤晚脐橙是奉节县脐橙研究所与华中农业大学、西南大学联合从奉节 72-1 脐橙芽变单株中选育的新品种。1995 年 11 月，奉节县脐橙研究所向可术、谭传红在该县夔门街道袁梁村（原新城乡袁梁七社）发现，该村潘云富家有 2 株在奉节脐橙正常采收时"不黄"的脐橙树，叶片叶缘微卷曲，呈波浪状，经现场查看后将其中一株变异明显的作为晚熟脐橙选育的材料，编号为 95-1，果实挂树至次年 3 月成熟，品质极佳。

1999年1月，奉节县脐橙研究所以该芽变材料为基础，向重庆市科学技术委员会申报了科研课题，当年年底立项，同时被列入华中农业大学承担的"国家863柑橘选种计划"和西南农业大学承担的三峡库区科技扶贫计划。2002年，重庆市科委又下达"奉节脐橙95-1晚熟品种研究"项目。项目组在该县白帝镇、草堂镇、新城乡、康坪乡等8个试验点进行高接换种和苗木定植230亩、12240株，并与各点的奉节脐橙树作对比试验，并对原始母树及其无性一代进行了连续3年的植物学特征和生物学特性观察，以及果实、叶片分析，分析比较了果实发育过程中糖、酸含量以及相关代谢酶活性变化，采用AFLP分子标记技术，分析了奉节72-1脐橙和95-1晚熟芽变株系基因组DNA遗传差异，找到了晚熟芽变的DNA差异片段。

2005年，通过重庆市农作物品种审定委员会审定，命名为"奉节晚橙"，2008年更名为"凤晚脐橙"。

2. 品种介绍

凤晚脐橙果实短椭圆形或圆球形，果皮细腻。果面橙黄色至橙色，油胞细密，较光滑。脐小多闭合。果肉细嫩化渣，汁多，酸甜适口，风味浓郁，微有香气，品质极优。单果重 200 克，果形指数 0.93，可溶性固形物 12.8%，酸 0.66%，维生素 C 48.17 毫克/100 毫升。果实成熟期 2 月下旬至 3 月上旬。丰产稳产，适应性强，成熟期比凤园脐橙推迟近 40 天。

（六）红翠 2 号脐橙

图 2-11　红翠 2 号脐橙果实图（黄涛江/摄）

1. 选育过程

重庆市夔门红翠脐橙合作社有限公司与中国农业科学院柑桔研究所联合从奉节72-1脐橙中选育出芽变新品种。1991年，重庆市夔门红翠脐橙合作社有限公司经理李良蓉在奉节县白帝镇（原白帝乡）浣花村5社欧家湾一张姓农户家发现其奉节72-1脐橙果园中有一株树的果实在正常成熟期仍然很酸，经过3年的观察，确定该树果实不能在一般脐橙成熟期成熟。1994年该母树被移栽到该县江南乡大坝村4社（现永乐镇大坝村5社）何银绪家，1995年至1998年对母树连续3年进行观察，发现果实11月下旬仍未转色，果实直到次年3月中旬至4月中旬才能完熟。从1998年起开始嫁接扩繁、试种。对奉节长江南岸和北岸不同海拔、不同地区子代的多年观察和分析表明，该晚熟芽变选系丰产稳产，果实晚熟性状突出，品质极其优良。

2012年通过重庆市农作物品种审定委员会审定，命名为"红翠2号脐橙"。

2. 品种介绍

红翠 2 号脐橙果实阔倒卵圆形，单果约重 200 克，果形指数 1.01。果面深橙色至橙红色、光滑，油胞小、密，平生或微凸。果基圆，无放射纹。萼片 5 片，呈不规则星形，绿色。果顶圆或钝，多闭脐。果肉甜酸适口，风味浓郁，细嫩化渣，能与奉节 72-1 脐橙媲美，但较奉节 72-1 脐橙成熟期更晚。可溶性固形物 12.7%～13.8%，酸 0.50%，维生素 C 含量 48.81 毫克/100 毫升。

（七）伦晚脐橙

图 2-12 伦晚脐橙果实图（黄涛江/摄）

图 2-13　伦晚脐橙丰产图（黄涛江/摄）

1. 引种经过

伦晚脐橙属晚熟脐橙品种，又名晚棱脐橙，是华盛顿脐橙芽变系，1950年发现于澳大利亚L.lane地区；1994年，华中农业大学邓秀新院士从美国加利福尼亚州和澳大利亚新南威尔士州引入；1999年在湖北三峡库区秭归县水田坝试验基地和兴山县等地进行栽培试验；2000年后，根据国家"948"国外柑橘良种引进项目安排，逐步引入重庆市北碚、长寿、云阳、奉节等区县示范种植；2011年，重庆市通过"绿化长江柑橘带工程"开始在"云、奉、巫"脐橙优势区域大规模种植。

2. 品种介绍

伦晚脐橙树势强，生长势旺，树形紧凑，易形成自然圆头形树冠，果实近圆球形，中等大小，果皮较硬，抗冻性、抗病性、抗逆性较强，成熟期在3月底至4月份，盛产后每亩产量在2吨以上，稳产性好。果实近圆球形，无籽，有香味，果顶微凸出，单果重200克以上；果皮浅橙红色，皮硬光滑，闭脐，脐黄色，较易剥皮；肉质致密脆嫩，汁多化渣，风味较浓，可溶性固形物含量12.5%以上，果汁率45.5%，可食率74.1%。

伦晚脐橙果实生长发育周期长，当年春季开花，第二年春季果实成熟，果实生长期跨越春夏秋冬四季，要历经寒冬，同时，需要适度低温，有利于果皮着色，适宜在冬季霜期短、极端低温0℃左右、有大水体保护、无霜冻的低山河谷地区栽培。与其他地区对比，该品种在江西、浙江、湖南等地易受到冬季低温的危害；海南、广东和

广西南部冬季温度偏高，着色较差。三峡库区的特定气候条件，以及海拔400米以下的两岸地区，气候温暖湿润，无严重低温霜冻，最适宜发展晚熟伦晚脐橙。

（八）红肉脐橙

图 2-14 红肉脐橙果实图一（黄启光/摄）

1. 引种经过

红肉脐橙，又称为卡拉卡拉脐橙，是脐橙类柑橘中的一个红色果肉品种，该品种于1976年在委内瑞拉的卡拉卡拉农庄中发现，由华盛顿脐橙芽变而来，因此得名卡拉卡拉脐橙，次年引种到美国，1990年华中农业大学从美国佛罗里达州引入我国，随后在湖北、重庆、湖南、福建和浙江等柑橘主产区试种，2002年通过"948""柑橘新品种引进与利用"项目，从华中农业大学引入幼苗和接穗在我市北碚、云阳、巫山等地示范推广，加快了该品种在三峡库区的应用进程，在云阳县表现出果皮、肉质色泽和丰产性比较稳定，2007年纳入重庆市柑橘主导发展品种，在云阳、巫山、奉节等地得到较快发展。

2. 品种介绍

图2-15 红肉脐橙果实图二（黄启光/摄）

红肉脐橙树势中等，树冠紧凑，呈圆头形；叶片偶有细微斑点，小枝梢的形成层常显淡红色，

叶柄维管束有红、白两种颜色，在云阳，叶柄维管束为白色的植株果实普遍较大，红色的果实稍小。红肉脐橙的基本性状与原种华盛顿脐橙相似，其独特之处是果肉红色，成熟期较晚，果肉因积累番茄红素而呈现玫瑰红色，成熟期在1月至3月。果实呈圆球形，闭脐，平均单果重200克，果面光滑，深橙色，果皮薄，瓤瓣11瓣~12瓣；可食率75%，果汁率47%，可溶性固形物11%~15%。果实成熟后果皮橙红色，果肉呈红色，多

图2-16 红肉脐橙丰产图（黄启光/摄）

汁；导致果肉着色的主要成分番茄红素，均匀地存在于汁胞壁中，所以虽然果肉呈红色，但果汁仍为橙色。红肉脐橙肉质致密脆嫩，风味甜酸爽口，品质上乘。

红肉脐橙是继马叙粉红葡萄柚、红玉红葡萄柚、Burgundy红葡萄柚和Sarah甜橙之后，全球发现的又一种积累番茄红素的柑橘突变品种，在未发生此类突变的柑橘果实中，只积累了极微量的番茄红素。番茄红素不仅赋予红肉脐橙果肉鲜艳的红色，而且具有强抗氧化和清除自由基、延缓衰老及抗癌活性，对男性前列腺有特效，在祛除雀斑等方面作用也很明显，使得红肉脐橙的商品价值大大提高，深受消费者喜爱。

该品种在云阳库区栽种后第三年初花试果，第五年正式投产，株产8公斤～25公斤，平均株产17公斤（密植栽培）。在库区成熟期采收期为翌年2月至3月，12月下旬即可采收销售，但品质没有完全成熟采收的好，挂树可到4月上旬，其后果实变软，品质下降。在不疏果的情况下，

直径75毫米以上果实占70%左右。红肉脐橙坐果率高，丰产性、越冬性好；耐储藏，冷库储藏期达4个月以上；2008年2月底特大雨雪凝冻灾害后观察，云阳种植的红肉脐橙，未经保果剂处理，平均落果率也只有11.8%。红肉脐橙对生长环境的要求与普通脐橙类似，但需要较高的积温和较充足的光照，较不耐寒，适合在三峡库区以云阳段为中心的低海拔区域种植。坐果过多时，红肉脐橙小果较多，应注意疏果，提高果实大小和等级。

（九）鲍威尔脐橙

图2-17 鲍威尔脐橙果实图（黄涛江/摄）

图 2-18　鲍威尔脐橙丰产图（黄涛江/摄）

1. 引种经过

鲍威尔脐橙为晚熟脐橙品种，20 世纪 80 年代从澳大利亚的华盛顿脐橙芽变植株中选出，并在新南威尔士得到推广。2002 年由重庆恒河果业公司从澳大利亚引进，在江津、奉节、云阳等地试种，在奉节、云阳、巫山等地表现晚熟、丰产性和耐贮性良好。该品种对积温、光照要求高，适合在高光照、低湿度、冬季极端低温-2℃以上区域种植，2007 年纳入重庆市柑橘主导发展品种，

在云阳、巫山、奉节等地得到较快发展；但是，在主城周边的江津、渝北、长寿、垫江、忠县等地种植，表现出产量低、冬季落果较重，不适宜种植。

2. 品种介绍

鲍威尔脐橙果实体积中大，较硬，扁球形至椭圆形或倒卵形，果脐突出不显著，基端截形，顶端圆形，有印环；果皮平滑，油胞明显，中等密度；果大，单果重可达350克。果实柄端部果肉枯水粒化程度较低，果汁中多，汁液黄色至橙色，果酸低，平均可溶性固形物含量14.2%、酸0.74%，无种子；在奉节库区12月下旬开始着色，成熟期第二年3月至4月，可挂树至5月至6月采收，晚熟特性极为显著。

该品种在奉节、云阳等地栽培，丰产性、晚熟性好，冬季落果不显著。该品种耐贮性好，货架期长，唯果肉化渣性较伦晚脐橙差。

（十）班菲尔脐橙

图 2-19　班菲尔脐橙果实图（黄涛江/摄）

图 2-20　班菲尔脐橙丰产图（黄涛江/摄）

1. 引种过程

班菲尔脐橙为晚熟脐橙品种，为华盛顿脐橙芽变选出的晚熟脐橙品种，1985年在澳大利亚Ellerslie的Wayne Barnfiled果园首次确认，在新南威尔士得到推广。2002年由重庆恒河果业公司从澳大利亚引进，在江津、奉节、云阳等地试种，在奉节、云阳等地表现晚熟性、丰产性和耐贮性良好，坐果率高、果实越冬性较好。2007年纳入重庆市柑橘主导发展品种，在云阳、巫山、奉节等地得到较快发展。

2. 品种介绍

班菲尔脐橙果实体积中大，扁球形至椭圆形或倒卵形，果脐突出不显著，基端截形，顶端圆形，有印环。果皮平滑，油胞明显，密度中等。果汁中多，黄色至橙色，果酸低，平均可溶性固形物含量12.8%、酸0.64%，无种子，在重庆库区12月下旬开始着色，第二年4月至5月成熟，可延至6月采收，具有明显的晚熟特性。单果重可达300克。

班菲尔果实有一定的耐低温寒害能力。据试验研究，经11月上旬开始用20毫克/升2,4-D+20毫克/升GA处理，12月上旬20毫克/升2,4-D重复一次，在2008年1月中下旬持续低温天气发生期间，奉节铁佛果园高换树、3年生幼树经保果措施处理后的落果较少，2009年1月底平均落果率为12.2%，2月末为14.5%，可在重庆奉节、云阳、巫山等脐橙优势区域适度种植。2008年1月至3月，经观察，重庆市江津区双福果园的4年生幼树落果比较严重，未经保果处理的果树落果率甚至达到了100%。可见，该品种不适宜在重庆主城周边的江津、渝北、长寿、垫江等地发展。

（十一）切斯勒特脐橙

图 2-21 切斯勒特脐橙果实图（黄涛江/摄）

图 2-22 切斯勒特脐橙丰产图（黄涛江/摄）

1. 引种过程

切斯勒特脐橙为晚熟脐橙品种,系 1988 年从澳大利亚维多利亚州的 Kenley 地区的 1 株华盛顿脐橙的植株芽变单株中选出的晚熟脐橙。切斯勒特申请了植物品种权,由维多利亚州 Kenley 地区的 Chislett 苗圃商业繁殖与推广。重庆恒河果业公司 2002 年从澳大利亚引进,在重庆奉节、云阳等库区表现出晚熟、丰产性较好。2007 年纳入重庆市柑橘主导发展品种,在奉节、云阳等地得到较快发展。

2. 品种介绍

切斯勒特脐橙果实体积中大,扁球形至椭圆形或倒卵形,果脐突出不显著,基端截形,顶端圆形,有印环,果皮平滑,油胞明显,密度中等,与其他晚熟脐橙比较,果皮质地相对较细。果汁中多,黄色至橙色,果酸低,可溶性固形物含量 12.2%、酸 0.71%,无种子,风味佳,优于伦晚脐橙选系的其他品种;果实大小均匀,单果重可达 400 克;切斯勒特脐橙果皮的韧性也较强,使其适

于较长时间的挂树贮藏，以挂树时间长的优良性状而具特色。在奉节三峡库区 11 月初开始转色，第二年 4 月成熟，冬季落果不显著，表现出稳定的丰产、晚熟特性。抗持续低温冻害能力较强，适合在奉节、云阳等三峡库区周边发展。

（十二）龙回红脐橙

图 2-23　龙回红脐橙丰产图（彭良志/摄）

1.选育经过

龙回红脐橙为晚熟脐橙品种，1999 年 12 月江西赣南遭遇极端低温-9℃～-6℃的柑橘冻害，次年在南康市赣良纽荷尔脐橙园发现1个耐冻单株，仅树冠外围少量1年生枝受冻，而其他果园中的其他脐橙植株1年～2年生枝条全被冻死。2001年从该变异单株上采集接穗高接在5株温州蜜柑树上，第二年开始结果，经连续3年观察，性状稳定。2004年从高接树上采集接穗，嫁接在枳砧苗上；2005年，采用株间交替定植方法，将该批嫁接苗与同龄的枳砧纽荷尔脐橙苗种植在南康市龙回镇岐岭村果园，进行比较试验，结果比纽荷尔增产20%～39%，-3.7℃较轻冻害对产量无影响。2006年至2012年在江西省南康市、信丰县、安远县、东多县和重庆市北碚区、奉节县进行栽培试验，表现出优良的生长结果性状、良好的遗传稳定性和一致性。2012年12月通过江西省农作物品种审定委员会认定，定名为"龙回红"脐橙。

2. 品种简介

龙回红脐橙树冠紧凑、半圆形，树势中等偏强。枝条较粗壮，节间较短，偶有短刺。叶片大

而厚，深绿色圆形，翼叶小，春梢叶片长10.6厘米、中间宽5.6厘米，叶脉明显，脉间叶肉向上凸起，较大叶片反卷。花富香气，花瓣白色，5瓣，萼片淡绿黄色，初花期比纽荷尔脐橙晚5天左右；子房绿色，圆筒形；花丝略低于柱头，花粉和胚囊败育。果大无核，椭圆球形，多闭脐，果面光滑橙红，果蒂平或稍凹，有不明显放射沟。单果重280克~346克，果形指数1.05~1.15，果皮厚0.45厘米~0.55厘米，瓤瓣9瓣~13瓣，果肉汁多化渣，风味甜，果汁可溶性固形物12.2%~14.2%，总酸0.47%~0.58%，维生素C含量47毫克/100毫升~52毫克/100毫升，可食率73.7%~78.3%。种植第三年平均株产9.5公斤，第四年21.5公斤，第五年39.5公斤，折合1.98吨/亩，幼树1年萌发4次~5次新梢，春梢和秋梢为主要结果母枝。花量偏小但稳定，花质好，自然坐果率高。2月中下旬萌芽，3月上中旬现蕾，4月上中旬初花，5月上旬至6月中旬生理落果。果实11月中旬成熟，比纽荷尔脐橙早熟

7天~12天，单产高20.9%左右，抗冻性也明显提高。

四、奉节脐橙为何要限制在海拔500米以下区域种植？

生产优质奉节脐橙需要适宜的温度，生长的最佳年均温为17.5℃~19.2℃，极端低温≥-3℃。脐橙在三峡库区海拔500米以上区域种植，年均温不足，积温不够，不能满足脐橙生长的温度条件，生产的果实糖分含量较低、口感较酸、品质较差，而且高海拔区域极端低温偏低，柑橘霜冻危害较重。

重庆柑橘种植区丘陵山地占95.7%，温度随海拔升高逐渐下降，一般平均海拔每升高100米，温度平均下降0.6℃。奉节县气象站海拔607.3米，常年日照时数1639小时，年平均气温16.5℃，相对湿度68%，极端低温-9.3℃，年均温和极端最低温都不能满足脐橙优质高产的基本要求，常常发

生柑橘霜冻，在-9.3℃的极端低温下，通过覆膜也不能避免脐橙果实遭到冻害。

奉节县长江河谷的脐橙主产区海拔为200米~500米，与奉节县气象站海拔607.3米所在区域比较，年均温为17.5℃~19.2℃，基本满足脐橙优质高产的温度要求，造就了奉节脐橙品质优异的品牌优势，而且在遭遇极端低温时，低海拔区域更靠近三峡水库大水体的保护，可有效缓解极端低温霜冻对柑橘的危害，结合树冠覆膜等防霜冻措施，可规避霜冻损失。

五、奉节脐橙种植环境有哪些要求？

1. 气候环境

奉节脐橙适宜的气候环境为：年平均气温17.5℃~19.2℃，年积温5750℃~6300℃，1月平均温度≥7.1℃，极端低温≥-3℃，年均降雨1050毫米~1230毫米，年日照时数为1460小时~1640小时，无霜期长，空气相对湿度65%~72%，果实成熟期昼夜温差较大,具体见表2-1。

表2-1 奉节脐橙主产区气象条件

区县	光照(小时)	降水(毫米)	年均温(℃)
巫山	1571	1057	18.5
巫溪	1589	1090	17.6
奉节	1639	1132	18.4
云阳	1497	1166	18.7
开州	1463	1227	18.5

2. 海拔高度

由于奉节脐橙生长区域地处山区,不同地块垂直海拔变化导致的温度变幅较大,温度环境成为选址的首要条件。按照最适宜气候条件,选择海拔400米以下地区种植奉节脐橙较为安全,若靠近三峡水库大水体保护的地块,可以放宽至海拔500米地区种植。

3. 土壤

建园土壤要求pH 5.5~8.2、有机质含量≥1.0%、土层厚0.8米左右、活土层在0.5米以上、地下水位1.0米以下的黄壤土、紫色土等,均

适宜种植。

目前三峡库区的新建果园,土壤条件很难达到奉节脐橙建园的质量要求,需要进行改良。

六、奉节脐橙建园为何要改良土壤?

柑橘属于多年生经济作物,经济寿命长,根系忌土壤涨水,重庆每年5月下旬至7月上旬和9月至11月的梅雨季,易发生连阴雨,导致果园涨水,会出现树冠停长、果实脱落、加重感染脚腐病等危害。通过改土,给脐橙根系创造一个良好的生长环境,植株和地上树冠才能生长好,产量和品质才能得到保证。

奉节脐橙产区,位于三峡库区腹地,紧邻秦巴山区,山高坡陡、土地瘠薄、耕地浅薄、土壤肥力低,保水保肥能力差。脐橙建园改土的核心是将山坡瘠地改造成能满足脐橙优质稳产丰产的良田沃土。

脐橙园改土,不仅要有完善的排水系统,解

决连阴雨排水除涝防涨水问题，也应该考虑农村劳动力转移、劳力短缺、人工成本上升问题，综合考虑果园全程机械化作业发展的趋势、建园时规划和建设作业运输道路以及行间机械通行道问题。

七、山坡地脐橙园改土和缓坡地改土有何不同？

脐橙园改土重点是改善根际土壤立地条件。

1. 平地缓坡果园

主要针对土壤黏重和排水不畅问题。脐橙树忌涨水，重庆地区每年的5月下旬至7月上旬和9月至11月是梅雨季，都会发生连阴雨，排水不畅会导致土壤涨水，影响果树的生长发育，加重采前落果、树干脚腐病发生，导致减产，严重的绝收甚至死树；需要通过增添排水设施改善土壤通透性，满足根系生长发育需要。

平缓地土层相对较深，有的区域土壤黏重，

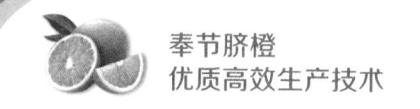

改土重点是防涨水，主要应采用起垄栽培方式改土，同时兼顾果园全程机械化作业需求。黏重土壤改良，一般采用起垄栽植模式，起垄时可分层填埋经过粉碎的玉米秆、稻草、麦草和果枝压绿；在果园行间的其中一侧开挖排水沟，沟深60厘米~80厘米。

鼓励双垄栽植，即只开挖一侧的排水沟，另一侧不开挖，为果园管理预留作业通道，方便机械化深松施肥、除草打药补微（肥）、采摘运输等耕作作业通行需要。同时，在果园行间的端头，预留机械调头位置，提高作业效率。

2. 山坡地改土建园

主要针对土层浅薄、土质贫瘠问题。柑橘根系发达，土层深厚的果园，柑橘根系纵向深度超过树冠高度，横向宽度超过树冠滴水线。果园土层薄，果树根深不足，限制根系的生长发育和营养的吸收；土壤保肥保水能力差，矿质营养供给不足，树体耐旱性能低，难以形成高产树冠和丰产果园，需要通过土壤改良，改善脐橙根际的立地条件，满足根系生长发育需要。

山坡地果园土层浅薄，主要采用定植穴聚表土起垄栽培模式改土。先按定植株行距放线，由于山坡地土壤浅薄，挖穴时，用挖机把30厘米以上表土传到一边，开挖定植穴，取出穴内深层土壤或母石传至另一边，将周边表层土壤聚拢回填至穴内，聚土起垄时，可分层填埋压绿（玉米秆、稻草、麦草及其他有机残体），改善根际区土壤立地条件。

脐橙栽植后，根系主要集中在定植穴内，部分成土母质坚硬、透水性差，遭遇连阴雨会形成一个个积水坑凼。山坡中上部土壤中的田间持水在重力作用下，不断向山坡中下部土壤流动，遭遇连阴雨时，会出现山坡中下部果园根际土壤的高含水和持续涨水，加重采前落果，导致山地中下部果园采前落果率明显高于山坡地中上部。所以，改土应采用聚土起垄，将定植穴周边表土聚集穴中，起垄并高出土平面50厘米，可以较好地解决连阴雨导致的山地果园根际持续涨水和采前

落果加重问题。

八、适宜奉节脐橙的砧木种类有哪些？

脐橙主要采用实生砧木嫁接繁育苗木，选用适宜的砧木，既可以保持奉节脐橙的优良性状，又能利用砧木的强大根系和抗逆性、适应性等有利特性，实现优质高产。脐橙的主要砧木有枳砧、枳橙砧、红橘砧、香橙砧；枳砧、枳橙砧适宜中性和微酸性土壤，红橘砧、香橙砧在偏碱的土壤中抗缺素黄化症的能力较强。

脐橙果园主要是紫色土（占70%）和黄壤土（占20%），土壤种类较为集中；但是，由于脐橙种植区域山高坡陡，海拔差异较大，土壤的组成成分和理化性质均呈现典型的垂直地带分化，导致土壤pH值变化明显，必须根据实验室土壤检测数据，指导选用适宜种苗或砧木。

脐橙种植于pH值为5.5~7.0的微酸和中性土壤，宜选用枳、枳橙作砧木，可以提早结果，提早丰产，避免红橘或香橙可能出现的旺长和延迟结果；种植于pH值≥7.0的微碱性和碱性土壤，应选用红橘或香橙作砧木，可以防控pH偏高导致的枳砧、枳橙砧树易发生的缺素黄化和低产。

九、如何保证奉节脐橙苗木繁育和出圃质量？

奉节脐橙必须采用无病毒容器苗，苗木质量满足《柑橘容器苗繁育技术规程》（DB 50/T 486）要求，其主要质量要求如下：

1. 采用无病毒种源与接穗

要求采穗母树来源明确，采用保护性栽培措施，保存在无病毒采穗网室内。采穗母树不得带有柑橘裂皮病、衰退病、碎叶病等病毒病和柑橘溃疡病、黄龙病等检疫性病害；定期进行病毒病鉴定和疫情检查，每3年~5年更换1次采穗母树。

2. 营养土配制与消毒

营养土由泥炭或其他类似材料与砂、蛭石、珍珠岩、谷壳或锯木屑等材料按一定比例混合配制。可采用蒸汽消毒法或甲醛溶液熏蒸消毒法，对营养土进行灭菌杀虫消毒。

3. 砧木苗培育与移栽

砧木苗于可控温室内培育，至15厘米~20厘米高时移栽。

4. 嫁接及嫁接苗期管理

要保证嫁接接穗来自于网室保存的采穗母树。当砧木离土面8厘米~15厘米以上，直径达0.5厘米以上时即可嫁接。嫁接后应及时解膜、弯砧、补接、剪砧、除萌、扶苗摘心、调苗、肥水管理和病虫害防治。

十、为何脐橙栽植要选用无病毒容器苗木？

脐橙无病毒容器苗，采用保护地设施繁育、

方便防控柑橘黄龙病、溃疡病等检疫类病害，有效防控柑橘裂皮病、碎叶病、温州蜜柑萎缩病、黄脉病等病毒类病害，有利于保证种苗质量。容器苗带钵运输、带土定植无缓苗期，尤其适合山区土壤瘠薄的果园发展，备受各国柑橘种植者青睐，该项技术由中国农业科学院柑桔研究所和重庆市农业技术推广总站进行了集成创新，成果获2012年国家科技进步奖二等奖、2007年重庆市科技进步奖一等奖，已在全国得到大面积推广。其优点如下：

1. 不带病毒病

柑橘是多年生作物，主要靠营养繁殖，往往带有一种或多种病毒病，会造成长期低产，一般减产30%～70%。采用无病毒容器苗，采穗母树来源明确，置于网室保护地栽植，不带柑橘裂皮病、碎叶病、黄脉病等病毒类病害，不会出现因病毒病导致的果园长期低产。

2. 无检疫性病害

柑橘黄龙病、溃疡病等检疫性病害，是制约

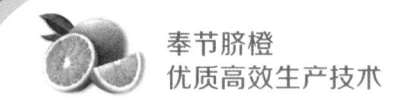

我国柑橘安全的主要病害，苗木调运是疫病远距离传播的主要途径。采用无病毒容器苗，可有效阻断疫病传染途径，杜绝其随苗木远距离传播和蔓延，保护产业安全。

例如：感染柑橘黄龙病，就会出现青果病或红鼻果，青果病主要表现为成熟期果实不转色，呈青软果（大而软）或青僵果（小而硬），红鼻果主要表现为成熟期果实转色异乎寻常地从果蒂开始，而果顶部位转色慢，而保持青绿色形成红鼻果，两种病果都不能正常成熟，导致病树基本无收，植株也会很快死亡，感染严重的果园甚至因病毁园。按照农业农村部推荐的黄龙病防控技术"杀木虱—挖病树—种无毒苗"，每年防控柑橘木虱和溃疡病的农药需要20次/亩左右，疫区果园不仅年用药成本增加1000多元，而且果品农残等质量安全也堪忧。

3.苗木质量高

柑橘容器苗不带柑橘疫病和病毒病，苗木嫁接高度15厘米以上，苗粗0.8厘米以上，苗高60

厘米以上，苗木健壮，抗逆能力强，有利于防控脚腐病等树干病害；从播种到嫁接出圃18个月~24个月，缩短在圃时间1年以上，适宜稀植，每亩40株~50株，栽植密度小，管护效率高，产量可达1.5吨/亩~3.0吨/亩，优质丰产。

4. 容器苗无缓苗期

选用无病毒容器苗可提早结果2年~3年。容器苗带钵运输、带土移栽、无缓苗期，栽植后直接生长，基本无苗木死亡，减少了裸根苗假植环节，避免了裸根苗移栽死亡率高的问题，特别是山区果园，土壤瘠薄，保水能力弱，遭遇高温伏旱，裸根苗根系浅，耐旱力弱，极易造成死亡，严重伏旱期，干旱死苗率甚至超过70%；即使不发生严重死苗，因裸根起苗时根系损伤和运输途中失水等原因，部分须根死亡，缓苗时间长，导致的延迟投产损失也很突出，有的甚至成为适龄不投产的小老树，导致果园长期低产。

十一、奉节脐橙园栽植为何采用宽行窄株方式？

果园栽植选择采用宽行窄株，一是为了提高通风透光条件，满足果树基本光照需求，提高单产和品质；二是为了方便耕作、打药、运输等农业机械作业需求，提高劳动生产率。

脐橙是喜光果树，充足的阳光可提高脐橙光合作用效率，是实现果实优质高产的重要条件之一。重庆三峡库区年均光照 1200 小时~1640 小时，属于全国日照低值区，总的光照偏低；奉节脐橙主产区包括奉节、开州、云阳、巫山、巫溪等，年均光照 1463 小时~1640 小时，适合脐橙生产，但是，如果栽植过密，果园郁闭，也会造成光照不足，导致品质和产量下降。

果园全程机械化和机器替代人是今后发展的方向。随着城市化进程加快，农村劳动力转移，农村劳动力不足逐年递增，现代果园农机装备，包括新一代无人作业机器人，爬坡通过能力都比较强，实行宽行窄株，可以保证作业装备进入果园，为机器替代人力劳动、提高农业生产率打好基础。

所以，果园宽行窄株栽植，可以满足当前生产管理和未来果园全程机械化、智能化和机器人替代人的作业需求。

十二、奉节脐橙栽植株行距多少为宜？

奉节脐橙果园栽植株行距（2米~4米）×5米为宜，可以满足光照下地和基本的果园通风透光要求以及主要农机装备的通行。也可以根据种植习惯和生产目标需求，在适宜范围内，选择5米行距不变动，缩短株距，通过调节株间栽植，增加每亩的栽植株数。

一般栽植密度3米×5米，比较适合奉节脐橙的栽植。

十三、奉节脐橙的最佳栽植时间？

新建园栽植苗木，定植时间应根据苗木的繁育方法确定。

采用容器苗。一年四季都可以种植；考虑到夏季伏旱为害和冬季低温根系停止生长的影响，春秋季和阴雨季栽植效果更好。

采用裸根苗。适宜栽植期较短，宜选择春季和晚秋季栽植。

十四、奉节脐橙一年要抽发几次枝梢？各有什么作用？

脐橙 1 年可抽生 3 次~4 次梢，以发生的时间顺序分类，依次分为春梢、夏梢、秋梢和冬梢，由于季节、温度和养分吸收的差异而不同。重庆三峡库区冬季温度偏低，正常年份无法抽发冬梢，所以，全年只有春梢、夏梢、秋梢 3 次梢，秋梢可分早秋梢和晚秋梢。根据柑橘枝梢生长的状态和结果与否分类，可分为徒长枝、营养枝、结果母枝和结果枝。

（一）按发生时间顺序分类

1. 春梢

一般在2月至4月，在立春后至立夏前抽发。由于气温较低，光合作用产物少，抽生主要利用贮藏养分，所以春梢节间短，叶片较小，先端尖，但抽生较整齐。春梢上能抽生夏梢、秋梢，也可能成为翌年的结果母梢。

2. 夏梢

一般在5月至7月，在立夏至立秋前抽生。夏梢在春梢上或较大的枝上抽发，数量随树体的营养水平而异。幼树夏梢的数量较大，未到盛果期的树也易抽发，衰老树一般不抽发夏梢，只有加强肥水管理和修剪刺激才会促发。夏梢长而粗壮，叶片较大，由于生长快，枝呈三棱形，不充实，叶色淡，翼叶宽，叶端钝，放任生长的条件

下，长势不一。夏梢是幼树的主要枝梢，常利用其尽快扩大幼树树冠。结果树夏梢过多，会严重引起幼果脱落，故除用于补缺树冠外，应严格控制其抽生。

3. 秋梢

一般在7月下旬至11月上旬，即在立秋至立冬前抽生，秋梢生长势比春梢强，但比夏梢弱，枝条断面也呈三棱形，叶片大小介于春、夏梢之间，8月底前抽生的早秋梢可成为优良的结果母枝，9月至10月中旬抽生的秋梢，因温度逐步降低，枝叶不充实，不能形成花芽成为结果母枝，通过提早施基肥等措施促进其老熟，可培养为营养枝。

热量条件丰富的长江河谷低海拔地区，还可抽生晚秋梢，一般在10月下旬至11月上旬抽生，晚秋梢在脐橙越冬停长前很难老熟，抗低温寒害能力很差，往往受冻损伤或死亡，白白浪费营养，影响夏秋梢养分的积累，应及时控制。

（二）按生长状态和结果分类

1. 生长枝

又称营养枝，柑橘中所有无花芽的枝都统称为营养枝，良好的营养枝可以转化为结果母枝。

2. 结果母枝

是指头年形成的梢，翌年生成结果枝的枝。仅抽发春梢、夏梢、早秋梢的1次梢，一年中既抽发春梢、又接着抽发夏梢的春夏梢，抽发春梢、秋季又抽发秋梢的春、秋梢，抽发夏梢接着抽发秋梢的2次梢，以及强壮的春、夏、秋3次梢，都可成为结果母枝。多年生枝有时也能抽生结果枝，但数量较少。在同一树冠上，各种结果母枝的比例因柑橘种类、品种、树龄、生长势、结果量、气候条件和栽培管理不同而变化。三峡库区脐橙以春梢为主要结果母枝，也有少量春秋2次梢为结果母枝。脐橙树每年需要一定的结果枝，才能使营养生长和生殖生长平衡，达到丰产稳产，而发育健壮的结果母枝才能抽生好的结果枝。

3. 结果枝

是指结果母枝上抽生带花的春梢。结果枝分两类,花和叶俱全的称为有叶结果枝,有花无叶的称为无叶结果枝。有叶结果枝的花和叶片比例也有差别,有多叶一花,有花叶数相等,也有少叶多花的。一般而言,有叶结果枝坐果率比无叶结果枝高。

4. 徒长枝

是营养失衡导致长势特别强旺的营养枝,多数在树冠内膛的大枝,甚至主干上;节间长,有刺,枝条横断面棱形,叶大而薄,叶脉弯曲畸形,枝长达1.5米,影响主干的生长和扰乱树冠,而且绝大多数品种的徒长枝不能进行花芽分化。据重庆市农业技术推广总站研究表明,徒长枝抽生严重的脐橙园,除叶片氮素营养含量丰富外,叶片铜营养偏低,可采用叶面喷施0.8‰的硫酸铜矫治。传统的修剪措施,对着生位置适宜的徒长枝,及早短截;除用于树冠补空补缺外,其余都应尽早除去,以减少树体养分的损耗,也可以缓解徒长枝严重扰乱树冠树形。

十五、如何管护好幼龄脐橙果园？

奉节脐橙高产的基础是果树叶幕层体积的大小和果园有效光合作用面积。幼龄脐橙园管理，重点是尽快培养丰产树冠、增加叶幕层体积，尽可能满足树冠内膛光照强度，提高综合光合作用效率，提高单位面积产量。

1. 培养丰产树冠

与其他果树不同，脐橙新梢生长发育具有独特的"自剪"功能，就是新梢生长到一定程度后，靠近顶芽的1节~2节或3节~4节停止生长，并发生断裂脱落的现象。脐橙新梢"自剪"停长后，往往自由分枝，逐步形成自然圆头形树冠，优点是形成树冠快、整形容易，但是，往往会发生树冠内膛枝过密、内部光照缺乏问题，形成无效冠层，表现为树冠外层结果，树冠内膛基本无产，郁闭果园更为突出，导致果树叶幕层单位容积的

产量下降，制约了单位面积产量的提高。所以，应修剪树冠内膛过密枝，以培养丰产树冠。

2. 提早投产丰产

脐橙幼树管理主要是促进幼苗正常生长，提高新梢生长量，促其尽快形成早结丰产树冠。幼龄树追肥在2月下旬至8月上旬进行，追肥以"少食多餐"为原则，氮、磷、钾施用比例为1：0.3：0.5左右，促发春、夏、秋梢，使之迅速形成树冠。及时防控病虫害，严防各种危险性病虫害的发生；加强树盘覆盖和灌溉与排水，以及中耕除草等。3年生以上幼龄脐橙园，要及时进行促花栽培，旺长树可进行环割促花，有条件的可进行拉枝促花。

3. 抗旱保苗

重庆三峡库区年降雨量1000毫米～1200毫米，总量较大，但是分布不均，每年的7月至9月上旬，都会遭遇程度不同的高温伏旱天气，柑橘幼树根系浅，难以抵御较大旱情，会导致幼龄果园苗木受旱死亡，需要抗旱保苗。

旱情发生后，有灌溉条件的果园，通过喷灌、滴灌和手浇灌等措施灌溉保苗。没有灌溉条件的果园，需要覆盖保苗，具体方法有树盘覆盖和树冠覆盖。树盘覆盖：主要是在脐橙树周边直径1米~1.5米的区域，用稻草、玉米秆或杂草等覆盖物进行树盘覆盖保墒，实现抗旱保苗，覆盖物厚度15厘米~20厘米，可长期保留，任其自然腐烂。树冠覆盖：主要针对缺乏覆盖材料的果园，伏旱发生后，用遮阳网将脐橙幼树树冠全面覆盖至伏旱期结束，可降低太阳热辐射危害，减轻土壤水分蒸发保墒，实现抗旱保苗。

4. 几点注意事项

第一，幼龄果园不得种植高秆类、藤蔓类间作物，及时铲除藤蔓、高秆类杂草，避免野生杂草遮蔽阳光和争抢营养。

第二，1年生幼龄果园，要避免提早结果，及时抹除初花果，保证尽快形成丰产树冠。

第三，注意预防凤蝶、潜叶蛾、蚜虫、粉虱、红黄蜘蛛等害虫。监测柑橘黄龙病、溃疡病，一

旦发现疫病，及时铲除销毁，避免更大和持续扩散为害。

十六、如何进行脐橙修剪？

脐橙形成丰产树冠后，修剪就成为维持脐橙几十年投产期优质高产的重要技术措施。主要是通过修剪，改善树冠内部光照，打通行间光路，增强通风透光能力，减少无效冠层和交叉枝遮挡。为此，在幼树期就需要有目的地培养丰产树冠。具体方法如下：

1. 幼树期轻剪或不修剪

柑橘新梢具有通过"自剪"较快形成自然圆头形树冠的生长习性，因此，对栽植时间1年~2年的新栽脐橙树，应轻剪或基本不修剪，依靠柑橘的自剪习性，快速培养自然圆头形树冠，增厚叶幕层体积，形成丰产树形。

2. 成年树修剪重点是打通光路

主要是通过"提干、控高、开天窗"，改善树冠内膛光照条件。脐橙进入开花投产期后，需要根据脐橙树内膛枝过密和果园郁闭发生情况，进行整形修剪，调节树冠内层光照，满足柑橘立体结果的光照需要。

提干：主要是合理确定主干分枝高度，剪除拖地枝；重点针对主干分枝较低的脐橙树，按照距地面80厘米的定干高度，及时剪除低于80厘米的侧枝；按照枝叶距地面50厘米的高度，及时剪除拖地枝，提升树冠距地面的高度，改善树体通风透光条件，控制落地果，提高果实整体品质。

控高：根据株行距设置，兼顾综合采光和果实采摘的需要，脐橙树冠高度一般不应超过3.0米，超过3.0米的枝条一律剪除，方便树冠下部枝梢采光和果实采摘。

开天窗：成年脐橙内膛枝密闭，郁闭果园的株间和行间的交叉枝、顶部的过密枝遮挡，内膛光照有限，需要及时修剪整形。针对树冠高度超过3.0米、内膛枝过密郁闭的脐橙树，应在树冠离地2.5米位置，剪除上部直立的中心干和主、侧

枝，开天窗，打通膛内光源，形成立体高产树冠。对于树冠之间枝梢交叉的郁闭果园，主要对交叉枝进行回缩短截，打通光路，以满足正午株间光照落地、行间工人行走方便和满足小型作业机械通行为度。

3. 调控树势控制病虫害

主要是对营养旺长树进行拉枝环割，抑制营养生长，促进花芽分化和开花结果，具体方法见本书第二章第三十七节的环割促花技术；对遭遇严重矢尖蚧等病虫危害枝及时修剪，移除果园烧毁，降低病虫密度，控制其危害和蔓延。

十七、脐橙园怎样设置道路系统？

建园时，应考虑果园肥料、农药、果实等运输的车辆化，各村间的公路要通达果园，园内作业道路宽2.0米左右，能满足小型耕作机械和三轮运输车辆通行，作业道与最远果树的距离75米以下，即园区作业道间距150米以下有利于果园管理。

十八、怎样进行脐橙高接换种？

脐橙高接换种，是在原有脐橙树的枝干上嫁接新的优良品种的接穗，进行脐橙品种更新和熟期结构调整的技术方法。重庆市农业技术推广总站主持完成的该项技术，曾获1996年农业部全国农牧渔业丰收奖一等奖，技术要点如下：

1. 选择良种无病毒接穗

高接换种的基础是确保良种接穗来源清楚，接穗应来自县级以上农业技术部门认定的良种采穗园（圃），品种纯正，不带检疫性病虫害，无柑橘碎叶病、裂皮病、温州蜜柑萎缩病、柠檬黄脉病等病毒病。每批次采穗时，都必须函请当地植保部门现场检疫，并出具《植物检疫证书》和质量保证书。不得从广东、广西、海南、福建、浙江、江西、湖南、云南、四川等省（区）柑橘黄龙病、溃疡病疫区调运接穗。

2. 换接园选择

脐橙是重庆市栽培面积最大的柑橘品种，特别是奉节脐橙，品种优、品质好、品牌响、市场销路不愁，近年发展迅速。但是，部分区县的果农和企业不按布局规划要求，在脐橙非适宜区跨界种植，如长寿、江津种植的晚熟脐橙，长期不结果，经济效益差；个别果园苗木调运混乱，品种混杂。因此，需要通过高接换种进行品种结构调整，发展适销对路的优质产品，调优品种结构，拉长果品上市供应期，促进销售，提高产业整体经济效益。

3. 嫁接时间

以秋季嫁接为主，春季补接为辅。秋季高换，可嫁接时间长，不影响当年产量，第二年春下桩后，新梢抽发整齐，同时，嫁接未成活的枝干可及时补接，效果较好。春季换接，最佳嫁接时间短，嫁接后创面愈合快，新梢抽发快，但会因为嫁接时间不一，新梢抽发不整齐；若嫁接接芽死亡率偏高，可补接时间较短，易导致形成干桩，接芽偏少的高换树可能因此造成植株死亡。

4. 嫁接方法

实行低位、多头、分层、错位换接。重点是根据树冠的大小确定接芽数量，一般幼树换接3个~6个芽，树冠冠径在1米~2米的换接6个~10个芽，2米~3米的换接10个~15个芽，3米以上换接15个芽以上。分层和接芽角度，一般第一层分枝在距地面0.8米~1.0米，树冠较大的成年树，应在第一层上方，0.5米左右处加接一层。

5. 接后管理

接芽萌发后，要及时挑破薄膜、下桩，下桩时要施一次稀薄的农家肥，施肥时在树冠2/3~1/2处开挖深40厘米、宽30厘米的施肥槽，同时剪断部分侧根，减轻因养分不足造成的须根死亡。下桩前要进行一次补接，对于切口较大的树，在切口部附近要保证足够的接芽数量，防止愈合不全形成的干桩和木腐，导致2年~4年后的枝干枯死。接后要及时除萌，保证换种纯度，及时绑缚，

防止大风吹断新枝。树冠初步形成时增施磷钾肥，进行拉枝整形、环割，促进花芽分化，提早结果。要及时防治病虫害，重点是柑橘潜叶蛾，红、黄蜘蛛，凤蝶，蚜虫以及脚腐病、天牛等树干病虫害等病虫害危害新梢的枝叶，促进树冠早日形成。

6. 注意事项

强化接穗检疫。必须在指定采穗圃采集良种接穗，严防柑橘黄龙病、溃疡病随接穗传播，避免造成高换果园的严重损失。

采用适宜良种。主要选择品质优、市场前景好、经过县级以上农业技术部门推荐的良种，具体见第二章第三节的脐橙品种介绍。

强化嫁接人员和刀具消毒。要求嫁接人员在高换前，用洗手液反复冲洗洗手。嫁接刀等嫁接工具，要做到株株消毒，以防控黄龙病、溃疡病等检疫性病害和裂皮病、碎叶病、黄脉病等病毒类病害的交叉感染。

十九、哪些因素影响脐橙高接换种接芽成活率？

脐橙高接换种成活率受温度、湿度、高接技术以及树龄、树势、降雨等多种因素影响。

温度：13℃以上的气温有利砧穗接合部形成层细胞分裂活动，低于10℃时不宜高接，超过34℃，高接成活率也很低。高温干燥或遇大风，水分蒸发加剧，也不利高接成活。

湿度：高接时保持接合部湿度80%为宜，以利嫁接口生产薄壁细胞。湿度过大，易引起嫁接部的霉烂。

技术：高接技术熟练与否直接影响高接成活率。

树势：树势强盛，高接成活率高；生长势弱，即使高接成活，也会因树势弱出现树体早衰，故高接换种以树龄在20年以内的青壮年树为宜。

二十、怎样进行衰老脐橙园的更新换植？

1. 确定更新换植方法

全园更新换植：主要针对病虫危害严重的果园，特别是树干病害严重，已经出现衰败的果园；品种老旧，且树龄在20年以上，不能通过高接换种更新，也很难通过栽培管理得到改善的衰老果园，也可选择全园更新换植。全园更新换植的果园，应按照新建标准化园要求进行土壤改良和配套基础设施建设。

部分更新换植：对品种适应市场需求，但部分树体遭病虫危害需要淘汰，或出现死树缺窝，可以进行部分换植、补栽。

2. 换植品种选择

采用全园更新换植的果园，品种可根据推荐的奉节脐橙发展品种，结合当地种植习惯、目标市场需求，选定换植品种。采用部分换植的果园，换植、补栽的品种应与原品种一致。

3. 换植后的管理

果园更新换植后,应按照幼龄果园管理要求,加强田间幼树管理,使其树冠尽快达到丰产树冠,尽早投产。

二十一、奉节脐橙园为什么要进行深翻扩穴?

根系是植物吸收土壤矿质营养和水分的主要组织。根系基本不能进行光合作用,主要依靠地上部分光合作用合成的营养物质,通过根系的呼吸作用,分解光合作用合成的营养提供能量,满足根系吸收肥水营养的能量需要。根系在进行呼吸作用时,需要充足的氧气,土壤板结、土壤氧气不足导致根系呼吸作用减弱,根系生长发育减缓或停滞;果园涨水,土壤空气被挤出,土壤毛细孔隙被水充填,导致根系厌氧呼吸,长时间的厌氧呼吸,会导致须根死亡,造成树体严重损伤。

脐橙园根际土壤在降雨、灌溉和人类活动等外力作用下，逐步板结，疏松透气性能减弱，根系生长发育减慢；遭遇连阴雨，加重缺氧，造成根系损伤，受损脐橙出现老叶脱落和采前落果。因此，奉节脐橙园需要进行深翻扩穴，及时疏松根际土壤，改善结构，增加空气，方便水分排出，以满足脐橙生长发育的需要。

二十二、如何进行奉节脐橙园深翻扩穴？

奉节脐橙园深翻扩穴方法有三种：

1. 机械化深耕深松

针对缓坡和宜机化果园，采用大型拖拉机，在脐橙园行间，每1年～2年进行1次机械化深耕深松作业，深松深度30厘米～40厘米，实施深翻扩穴；有条件的，还可同时完成施肥作业。其特点是节省劳力，节约成本，缺点是只能满足宜机化条件的果园才能作业。

2. 小型挖掘机和开沟机深翻

可在果园树冠株间或行间进行扩穴,一般2年~3年实施一次。具体方法是沿树冠滴水线挖槽扩穴,穴深40厘米~60厘米,宽30厘米~40厘米,长60厘米~100厘米,同时,填埋绿肥、饼肥或腐熟有机肥等与土壤混合均匀回填。特点是适合多数果园深翻扩穴,但效果不如机械化深松。

3. 人工深翻

对于机械难以到达的山地果园,主要靠人工深翻扩穴。具体方法是在树体株间或行间,结合施肥,沿树冠滴水线外侧开挖扩穴槽,穴深30厘米~40厘米,宽30厘米左右,长60厘米~100厘米,同时,填埋绿肥、饼肥或腐熟有机肥等与土壤混合均匀回填。特点是适合各种类型果园的深翻扩穴,缺点是劳动效率低,劳力成本高,效果不如机械化深松。

二十三、什么是柑橘营养诊断配方施肥？

柑橘营养诊断配方施肥，就是通过叶片和土壤采样检测，测定和判断柑橘树体营养状况，监测树体营养水平，提供施肥理论指导和平衡施肥配方的一种科学方法。以测叶为主，参考土壤检测指标，有别于作物测土配方施肥技术，是国际果树界公认的柑橘精准施肥管理方法。

美国从20世纪40年代开始，就在柑橘中广泛使用"叶片分析法"指导施肥，即在柑橘春梢营养枝上确定代表性叶片和代表性时间采集样品，进行检测分析，测定其13种矿质营养元素，并以干物质含量为计算单位，与标准对比，从而诊断出各种营养元素的含量水平，结合土壤监测分析供给情况和栽培管理方法，综合判断树体和土壤的营养状况，提出精准的施肥方案，真正意义上做到了缺什么补什么，均衡营养。

二十四、为什么奉节脐橙要进行营养诊断施肥？

传统的测土配方施肥技术，在果树等多年生作物上应用，存在测不准、土壤检测与树体营养相关性不匹配等问题，不适宜用作指导果树等多年生经济作物的精准施肥。主要是因为：

1. 土壤检测采样不具代表性

果树矿质营养主要靠根系吸收，果树栽植后几十上百年不移动，常年吸收根际区域的矿质营养，导致根际土壤中柑橘必需的矿质营养水平随根系生长由远到近逐步递减。大树、小树根系生长变化多样，营养需求不尽一致，靠土壤采样检测很难区分。土壤施肥与取样无相关性，营养元素含量在施肥前和施肥后、降雨前和降雨后差距很大；现行果园施肥方式有撒施、穴施或肥水一体水施，为点状施肥，而采样要求均衡采样，很难确保采样的准确性。因此，土壤检测采样不具

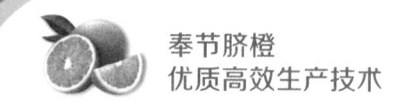

代表性，测土也就很难准确反映果树根际土壤营养状况。

2. 不同品种、树龄和树冠差异对营养吸收的差异较大

脐橙幼龄树与成年树，旺长树和病弱树，结果多与结果少的果树，营养吸收水平和吸收总量差异很大，土壤检测不能准确反映不同树种品种和树体大小的吸收水平和需求状况。

3. 不同砧穗组合导致营养吸收不一样

脐橙枳橙砧、枳砧适宜偏酸性土壤，红橘砧和香橙砧适宜中性碱性土壤。一旦错配，如枳橙砧、枳砧脐橙种植在碱性土上，会出现严重的缺素黄化，而红橘砧或香橙砧就不会发生。也就是说，不同的果树品种和砧木，根系对土壤中的矿质营养的吸收能力是不同的，采用土壤检测指标，不能准确监测不同的树种品种和砧穗组合的营养水平。

4. 元素间的拮抗

柑橘钙、钾等元素间拮抗作用明显，不仅发生于营养元素之间，也发生在土壤中和作物体内。

元素拮抗的本质,是植物体内的一种元素对另一种元素的正常生理功能产生干扰的现象。不同元素之间容易发生拮抗,在生产上也不乏实例,如2008年至2009年,忠县黄金镇黄石果园施用石灰导致钙钾拮抗。尽管果园施用总养分45%(氮:磷:钾=15%:15%:15%)的三元素,土壤检测有效钾达320毫克/公斤,为过剩,但叶钾含量却由上年0.95%的正常值,下降为0.54%至极度缺乏,减幅43.2%,与土壤钾含量呈反相关,导致了越冬夏橙的大量落叶落果、基本绝收的情况,而周边没施用石灰的果园没发生这类情况。进一步检测分析,发现树体叶钙含量由上年的2.9%升至4.4%,增长51.7%,显示果园出现了钙钾拮抗,表现为:土壤施用复合肥致有效钾过剩,但柑橘树体钾的吸收被过高的钙元素拮抗,难以吸收,出现了严重的缺钾症,钾是植物抗逆元素,钾严重不足,导致当季越冬夏橙的大量落叶落果和基本绝收。

所以,仅凭土壤营养元素检测指标,不考虑

叶片营养诊断数据，不能准确监测柑橘树体的营养水平，无法指导精准配方施肥。

二十五、脐橙有哪些必需矿质营养元素？

人类在植物体中已经发现了70种以上的元素，但是这些元素并不都是植物生长所必需的。元素对植物生长是否有用，并不取决于该种元素在植物体中的含量多少，只有其中的碳、氢、氧、氮、磷、钾、钙、镁、硫、氯、铁、锰、锌、铜、硼、钼等16种元素（最新的为17种，还包括硅），在植物生长中具有不可缺少性、不可替代性和直接功能性，是植物生长发育必不可少的营养元素；其中主要从空气和水分中吸收的有碳、氢、氧3种元素，主要通过根系从土壤中吸收的有氮、磷、钾、钙、镁、硫、氯、铁、锰、锌、铜、硼、钼等13种元素，也称"矿质营养元素"。植物的矿质营养元素，按照其在植物体中含量的多少分为大中量矿质营养元素和微量营养元素。

大中量元素有氮、磷、钾、钙、镁、硫6种。脐橙的各营养元素在树体的比例有其特点，正常的钙元素含量为3.0%~5.0%，占第一位；正常的磷含量为0.12%，含量在大中量元素中为最低，甚至不及一般植物微量元素氯的1/3。所以，钙是脐橙生长的第一大必需营养元素。

微量元素有氯、铁、锰、锌、铜、硼、钼7种。这些微量元素在脐橙树体中含量较低，但对脐橙的生长发育起着非常重要的作用，并具有很强的专一性，是作物生长发育不可缺少和不可替代的营养，一旦缺乏或偏高过剩，会对脐橙产生严重危害。因此当脐橙任何一种微量元素失衡的时候，生长发育都会受到抑制或呈现生理性病症，导致生理性病害、减产或品质下降。

营养元素的诊断标准划分为：适宜、偏低、极缺和偏高、过量五类诊断标准（详见本书第三章第二节）。果农可根据果园营养检测数据与标准值比对，判断矿质营养丰缺状况，指导控丰补缺，

精准施肥。当树体大量元素和微量元素充足，生理机能就会十分旺盛，更有利于作物对大量元素的吸收利用，从而提高奉节脐橙的产量和品质。

二十六、什么是微肥？为何奉节脐橙要施用微肥？

微量元素肥料（简称微肥），就是含铁、锰、锌、铜、硼、钼等必需营养元素的无机盐或氧化物。

尽管脐橙正常生长过程中，对微量元素的需求量很少，但微量元素的作用很重要，任何一种必需微量元素的缺乏或过剩，都会影响脐橙的生长发育，导致产量、品质、抗逆等性能的下降。特别是单一使用氮磷钾肥料，果园产量不断提高时，果实富集和带走了更多的微量元素，得不到足够的补充时，就会出现营养失衡症，发生大小年和花叶黄化、枯枝、落果、枯水等生理性病害，严重的甚至突然死树。如：2016年重庆市巫山县曲尺镇的纽荷尔脐橙大丰收,加重缺硼症,2017年普遍发生叶片黄化、叶脉爆裂、根系坏死和产量下降等严重缺硼症,个别缺素严重的植株因根系大量坏死,发生整株树地上部分无明显原因地突然死亡,通过市县果树部门应急调拨和组织喷施硼砂矫治,缺硼症得到有效控制。

根据重庆市农业技术推广总站连续12年对脐橙营养的诊断监测,重庆市奉节、开州、云阳、巫山等区县的奉节脐橙园营养失衡的比例达到100%,其中缺锌占98.5%,缺硼也相当严重,是导致黄化低产、坐果率低和果实枯水的主要原因。根据营养诊断监测指标,指导缺啥补啥,精准施用微量元素肥料,是奉节脐橙简便易行的优质高产、保果防落的关键措施,必须常年施用。

二十七、如何施用微量元素肥?

脐橙需要根据营养诊断监测指标,补充缺乏微量元素。补充微量元素,主要通过叶片喷施,

施用总浓度不得超过 0.3%。

微肥多是重金属元素，土壤长时间施用易造成耕地和水源污染，不利于环境保护；土壤施用的部分微量元素，如锌、锰、铜等为重金属，会与土壤中的物质发生化学反应被吸附、固定和钝化，失去活性；土壤中元素之间会发生拮抗，有的拮抗发生在植物体内，造成被拮抗元素难以通过土壤正常吸收，导致缺素症。如：硼对酸碱度十分敏感，土壤中硼有效性与 pH 值密切相关，在酸性土壤中，硼的有效性最高，但遇雨易流失；土壤中钙含量高或施用石灰，硼的吸附固定量显著增加，失去活性诱发缺硼，土壤施用硼肥，也很难保证脐橙树硼含量达到适宜范围，造成坐果率低。叶片喷施微量元素，可以被树体及时吸收，不会发生拮抗，因此，可通过叶片喷施被拮抗元素的方法打破拮抗制约，是矫治拮抗型缺素症的主要措施。

叶面喷施锌、锰、铜等混合溶液补微肥，要注意合计总盐分浓度不得超过 0.3%。据试验，叶面施肥浓度过高，超过 0.3%，容易发生细胞液的反渗透，导致果实（果皮）和幼叶细胞中的水分倒流，造成叶片和果实的肥害损伤，果实皮层和嫩叶易出现"褐斑"症，影响果实商品性，树冠外层中下部果实尤为明显，一般喷药较少的树冠顶上部和内膛果实很少发生。这种现象在喷施高浓度农药时，也时有发生。所以，多种微肥混合施用，溶液中盐份的总浓度（硫酸锌、硫酸镁、硫酸铜等合计的浓度），不应超过 0.3%，单一施用微肥时，浓度不应超过 0.2%。

二十八、奉节脐橙为什么要选用硫酸钾型复合肥？

脐橙是忌氯作物，对氯元素十分敏感。氯以氯离子（Cl^-）的形式被吸收，脐橙对氯的需求量很少，只有极少量的氯被结合进入有机物。氯能促进碳水化合物水解，氯离子偏多不利于贮藏器官（果实）中糖分转化为淀粉储存，造成淀粉含

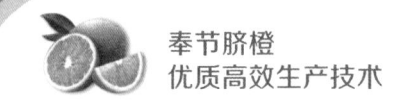

量减少，降低果实的总糖含量和可溶性固形物，导致果实口感偏淡，出现甜度降低，品质下降。根据常年监测，三峡库区果园背景土壤中氯离子含量偏高，脐橙树体中的氯正常和偏多的占100%，再施用氯根（也称氯化钾）复合肥，会导致树体氯过剩。如：奉节县康乐镇的鲍威尔晚熟脐橙、巫山县大昌镇的纽荷尔脐橙，都发生过施用氯根复合肥导致的脐橙口感偏淡、品质下降问题。

硫是胱氨酸、半胱氨酸和蛋氨酸等含硫氨基酸的重要组成成分，对果实品质调控起到重要作用。脐橙是喜硫作物，硫的需要量高于大量元素磷，硫元素主要以硫酸根（SO_4^{2-}）的形式被植物吸收，是重要的品质元素。硫进入植物体后，大部分被还原同化为含硫氨基酸，辅酶 A 和硫胺素（维生素 A）、生物素（维生素 H）等维生素也含有硫，其中生物素是合成维生素 C 的必要物质，硫元素不足，果实中维生素 C 的含量下降。据监测，施用硫酸钾的脐橙园硫含量较正常，未施硫酸钾的果园，硫含量大多偏低，呈现随产量升高硫含量下降的趋势。

硫酸钾型有机复合肥或复合肥，钾元素的来源是硫酸钾而不是价格便宜的氯化钾，氯的含量相对比较低，按照国家标准《复混肥料（复合肥料）》（GB 15063）规定，氯离子小于3%，在包装上必须标注"硫酸钾型"。所以，采用硫酸钾型复合肥对脐橙进行补钾和补硫，对果实品质有较好的促进作用。

二十九、为什么要推荐氮磷钾10∶4∶8的有机复混肥？

根据多年研究，证实脐橙氮、磷、钾三元素含量的适宜值为：氮2.5%~2.8%，磷0.12%~0.16%，钾1.0%~1.5%；按照该标准目标进行施肥，结合补充微量元素，补充矫治至适宜值范围时，产量较高、果实品质较好，化肥施投减量效果显著。将氮、磷、钾的适宜值（纯量）换算成有效成分，分别为：

氮：以氮（N）计，适宜范围为2.5%~2.8%；

磷：按五氧化二磷（P_2O_5）计，分子量为142，将纯量适宜值范围折算为平均有效含量，为0.55%~0.73%；

钾：按氧化钾（K_2O）计，分子量为94，折算有效含量为2.41%~3.61%。

三峡库区背景土壤母质中含有丰富的磷、钾等矿质营养元素，可以补充施肥的不足，所以，在肥料的配方设计中，氮取高限，钾取低限，其比值约5∶4；尽管柑橘对磷的需求较小，但国家复合（混）肥料标准中规定，单一元素不得低于4%，确定磷取最低标准值4%，柑橘专用复混肥三大元素比例即为：氮（N）∶磷（P_2O_5）∶钾（K_2O）=10∶4∶8。

在肥料生产过程中，添加40%的有机物，通过干燥、造粒、筛分和缓释包衣等工序，生产的硫酸钾型柑橘专用有机复混肥料，集配方肥、有机肥、缓释肥为一体，一肥通用，亩产2吨~3吨施用量120公斤~140公斤，施用简便用量少，方便果园管理。该项技术已通过8年的验证试验证实,可作为柑橘的基础用肥,特别是有机质中含有的腐殖酸是非常好的缓冲剂,可以激活和释放土壤中被固定钝化的矿质营养元素,补充微量元素,等重量替代氮:磷:钾=15:15:15的复合肥,仅此一项,每年可减少氮、磷化肥投入量50%左右,成本较氮:磷:钾=15:15:15的三元复合肥低1000多元/吨。

重庆万州的重庆市万植巨丰生态肥业有限公司研制的硫酸钾型柑橘专用有机(秸秆)复混肥料,梁平的丰疆生物科技有限公司研制的硫酸钾型柑橘专用有机(牛粪)复混肥料,已经在重庆三峡库区柑橘产区应用多年,果品增产和化肥减量效果显著。

三十、脐橙有机肥替代化肥有几种模式?

脐橙有机肥替代化肥有4种模式:

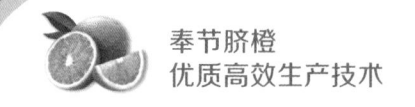

1. 成品有机肥还田

主要是养殖粪便和秸秆橘渣等农业废弃物腐熟发酵生产的有机肥或有机无机复合（混）肥料。成品有机肥的优点是使用便捷；缺点是使用略有不便，总体成本偏高。

商品化有机肥：市场上销售的品牌有机肥，按国家标准，氮、磷、钾总有效成分含量≥5%，按有效成分计算，使用有机肥的用量是有机无机肥料的4倍，约600公斤/亩，且不能实现平衡营养，还必须添加硫酸钾约15公斤/亩，有机肥按每公斤1.2元计算，较施用专用有机无机复混肥（10∶4∶8）亩增成本420元，加上硫酸钾，合计成本增加500元/亩或增长166.7%。

堆肥化有机肥：将畜禽粪便、作物秸秆、加工废弃物如橘渣等按一定配方混合好，就地就近堆成条垛或堆垛，进行好氧或厌氧发酵，产生生物热能，抑制或杀死病菌、虫卵等有害生物，腐熟干燥物料，就近还田，降低有机肥制备和使用成本。

2. 秸秆（果枝）还田

主要利用养殖粪便、秸秆等农业废弃物，或果树整形修剪的废弃枝条，就地粉碎还田，用作树盘株间覆盖物，用以抑制杂草、保墒和提高土壤有机质。

3. 农用沼液还田

主要以畜禽粪污、农作物秸秆等有机废弃物为主要原料，利用厌氧发酵工程处理产生的农用沼液对农作物进行施肥和灌水，农用沼液的质量应符合《农用沼液》标准的要求，未达标不得用于农业生产，向环境排放的沼液应符合《畜禽养殖业污染物排放标准》（GB 18596）的规定。

4. 生草栽培培肥

利用果树株行间空闲土地，选留适宜的原生杂草或种植多年生白三叶草、黑麦草等低矮牧草，完全覆盖土地、增加土壤有机质、抑制恶性杂草，生产草饲料和替代化肥。采用生草栽培管理的果园，应禁用除草剂。

三十一、什么是脐橙生草栽培？

脐橙生草栽培是一种通过人的主动行为，在果园株行间选留低矮原生杂草，或种植白三叶、红三叶、紫花苜蓿等绿肥作物，综合利用果园温度、光照、雨水资源以及行间空闲土地，培植优势牧草，生产低矮草本绿肥作物，防控水土流失，增加土壤有机质、抑制杂草虐生，使草类与果园协调共生的果树栽培管理模式。该技术在欧美、日本等国已实施多年，在我国陕西、山东以白三叶草为主的苹果果园，通过人工生草栽培每年可提高土壤有机质0.2%左右，伏旱季降低田间表层温度10℃~15℃，减少水土流失70%以上，以及改善土壤通透性，对改良土壤有显著效果，白三叶草每年每亩固氮约13公斤，支撑化肥减量，极大地提高果园生态效益和经济效益。重庆市奉节、开州等区县的脐橙果园已在示范推广。

三十二、为什么要推广脐橙生草栽培？

重庆地处我国南方地区，作物生长季光热同步，适宜多种植物生长，但也出现了严重的杂草虐生问题，果农利用锄头等农具疏松表土，铲除杂草，成为果园经常进行的耕作管理措施。近年，随着农村劳动力转移、劳力成本增加，人工铲除杂草成本高，资源浪费大，已经难以为继。化学农药除草效率高，逐步成为果园控草的重要措施；但是，遭遇农产品质量安全和农药减量政策的约束，急需寻找一种省力、省工、低成本、对环境安全友好的果园控草方法。

果园生草栽培，综合利用果园株行间光热水和行间空闲土地资源，发展多年生低矮草本绿肥，增加土壤有机质和养分，同时依靠优势牧草群落，抑制杂草生长，降低除草成本，改良土壤、防止流失；还可改善果园地表小气候，减少冬夏地表温度变化幅度，提高土壤墒情，实现有机肥部分

替代化肥。

三十三、脐橙生草栽培技术要点是什么？

生草栽培分为自然生草和人工生草。应根据果园的实际情况，选择自然生草或人工生草。一般果园高秆类、藤蔓类杂草和低矮灌木生长茂盛，严重影响果树生长的果园主要选择人工生草，原生低矮杂草生长茂盛的果园，可选择自然生草。

1. 自然生草栽培

脐橙园自然生草栽培，主要保留高度50厘米以下、根系10厘米以下的矮秆浅根原生杂草，作为果园自然生草的主要草类进行培育；针对苍耳子、鬼刺针、野青蒿等高秆类杂草和猫爪刺等藤蔓类杂草，应采用人工干预措施，采用人工铲除或割灌机割除，保证低矮原生草类的正常生长，控制虐生杂草，改善果园生态环境，增加土壤有机肥。

2. 人工生草栽培

脐橙园人工生草栽培，主要以省力、省工和培肥土壤、抑制杂草为目的，选择多年生豆科牧草绿肥作物。海拔较低的长江河谷地区可选择白三叶草，海拔较高的低山区域，可选择白三叶草、红三叶草等。以草饲料为目的的生草果园，可选择白三叶草、红三叶草，也可选择黑麦草等矮秆、浅根、再生性好的禾本科牧草类品种。

白三叶草和红三叶草播种，宜在每年的9月中下旬至10月上中旬，温度在25℃左右时，是人工生草播种的最佳时间。播种时应用清水浸种，然后细沙拌种，田间土壤需浅耕细扦，播后应轻施清淡粪水催芽。

3. 刈割覆盖

自然生长和人工生草的草类，应根据牧草生长情况，在每年的6月至7月上旬，进行刈割和树盘覆盖。方法是沿树冠滴水线浅耕树盘，清除树盘内的杂草，将行间刈割的杂草用于树盘覆盖。刈割的饲料用草可用于喂食牲畜。

4. 几点注意事项

第一，豆科类牧草如白三叶草，前期生长缓慢，长势竞争不过杂草，第二年秋季过后，才可逐步形成优势群落抑制杂草生长，前期应及时人工干预清除高秆杂草，促进其优势群落尽快形成。

第二，多年生草类，应根据以后年份的发芽状况和株行间覆盖情况，进行补播补种。

三十四、怎样实施沼液肥水一体灌溉？

畜禽养殖业是重庆的传统特色农业，养殖废弃物排放对三峡库区生态环境的影响很大，威胁土地和水源环境安全。采用"畜—沼—果"种养循环模式，部分或全部替代化肥和灌溉水，实现畜禽养殖粪污处理和资源化利用，关系到农村居民生产生活环境和三峡库区国家淡水资源保护，关系到能否不断改善土壤地力、治理好农业面源污染和长江经济带绿色发展，是一件利国利民利长远的大好事。具体措施如下：

第一，坚持沼液肥水一体综合利用。重点要以沼气工程为主要处理方向，以就地就近用于农村能源和农用有机肥为主要使用方向，既解决农村能源供应、养殖粪污的排放利用问题，又可满足脐橙对肥料和灌溉水的需要，基本解决畜禽养殖场粪污处理和资源化利用问题，是保护三峡库区生态、实现长江经济带绿色发展的重要措施。

第二，要以无害化装备化还田为重要手段。畜禽粪污含有大量病原菌和寄生虫（卵），必须进行无害化厌氧发酵处理；未经过沼气工程处理的畜禽养殖废水和粪污不应直接回用于农业生产。畜禽粪污经沼气工程处理后，约95%以上都是沼液，含水量大、肥效低、使用很不方便，必须采用装备化还田。就近利用，主要推荐沼液肥水一体管道还田；远距离利用，可选用罐车运输，就近储存和管道还田。沼液灌溉管网建设应设置自动排气、泄压和化学结晶体收集装置，设计管道流速应大于泥沙不淤流速，防止磷酸镁铵（尿垢）结晶堵塞和管道产气爆裂。

第三，要配套建设沼液贮存沉淀池。地上式贮存沉淀池顶部应高出地面1.2米以上，地下式应设置1.2米以上围墙或栏杆，防止人畜误入。沼渣沉淀池可选用长方形、方形、圆形或菱形设计，在处理池底部设置凹型沼渣污泥收集斗，方形、圆形或菱形结构可采用锥形底，矩形可采用坡底，底部坡度5%左右；污泥收集池（斗）底部有单独的闸阀、排泥管和污泥暂存池，排泥管直径200厘米左右。贮存池容量应根据冬季非灌溉期时间和连阴雨禁止或限制施肥灌溉时间确定禁止作业周期（奉节脐橙禁止作业周期可按60天计算），结合养殖存栏数量、粪污日排水量以及圈舍冲水量（见表2-2、表2-3）计算获得。

表2-2 集约化畜禽养殖业水冲工艺最高允许排水量

季节	排水量〔米³/(百头·日)〕
冬季	2.5
夏季	3.5

注：废水最高允许排放量的单位中，百头指存栏数。春、秋季废水最高允许排放量按冬、夏两季的平均值计算。

表 2-3　集约化畜禽养殖业干清粪工艺最高允许排水量

季节	排水量〔米³/(百头·日)〕
冬季	1.2
夏季	1.8

注：废水最高允许排放量的单位中，百头值指存栏数。春、秋季废水最高允许排放量按冬、夏两季的平均值计算。

计算方法参照如下计算公式。

贮存池容量计算公式：

$$W = M \times D \times R \times 115\%/1000$$

式中：

W——贮存池存储量，单位：吨

M——养殖规模，单位：头

D——非灌期时间，单位：日

R——养殖粪污产排量，单位：公斤/（日·头）

第四，沼液浇灌宜采用穴灌非充分灌溉。应结合非充分灌溉技术措施，在果树滴水线内侧，开挖 30 厘米×30 厘米×30 厘米的相邻孔穴 1 个~2 个，依次浇灌沼液 50 升（公斤）左右，并盖草覆盖以减少水分蒸发损耗，利用根系的趋水性和强

大的吸水功能，可以满足脐橙一周的需水要求，果农在田间地头插上胶管，就可以实现肥水一体灌溉消纳养殖粪污，实现低碳循环、节能减排。

第五，要科学使用沼液肥。重庆市农业技术推广总站在长寿区农正农业柑橘果园5年的定点连续监测发现，采用沼液灌溉，年可消纳2头出栏，或持续消纳1头存栏生猪产排的粪污，满足亩产2吨~3吨柑橘所需氮、磷营养的需求；但是，会出现钾、锌、硫等元素的缺乏，不能实现柑橘树体矿质营养的平衡，必须每年监测和补充硫酸钾、硫酸锌等缺乏营养元素。亩施沼液肥10吨的果园，应每年补充硫酸钾12公斤~16公斤，同时补硫；硫酸锌应喷施，喷施浓度不超过0.2%，年喷施次数2次~3次，亩用量0.5公斤左右；云阳、奉节、巫山等缺硼地区，每年还应喷施一次0.2%的硼砂。柑橘忌氯，要注意排水洗盐，禁止施用氯化钾。

三十五、为何要推广柑橘穴灌非充分灌溉技术？

非充分灌溉，就是通过匮缺灌溉，用最小的灌水量让植物维持基本的生理需要，等待降雨解除旱情，达到少灌水、少落叶、不死树、不减产的补充灌溉方式，适用于雨量充沛的我国南方地区伏旱和春旱期的补水灌溉。优点是水分使用效率高、抗旱成本低，柑橘生长、果实产量和品质基本不受影响；缺点是匮缺灌溉下，部分老叶会提前脱落，新梢停止抽发，如果遭遇45天以上较长时期的持续干旱，会影响树体的生长发育。重庆市农业技术推广总站主持完成的该技术成果，已获2010年农业部全国农牧渔业丰收奖一等奖。

1. 技术背景

三峡库区属典型的山地丘陵地貌，区内山地和丘陵面积占到了95.7%，丘高坡陡，土层瘠薄，果园蓄水抗旱能力差；虽然年降雨量1200毫米左

右，总量较大，但时空、强度分布不均，春旱和伏旱频发，季节性干旱时有发生，高温伏旱是最为常见的重大灾害性天气。2006 年重庆遭遇百年不遇特大干旱，抗旱实践证实，仅凭盖草覆膜等农艺避旱措施，难以抵御特大干旱的危害，极端干旱造成大量枯枝和死树，严重影响柑橘优质高产，危及产业安全。重庆市农业技术推广总站研究利用滴灌、浇灌等设施，采用滴灌、穴灌非充分灌溉技术，将有限的水资源渗透至距土层 15 厘米～40 厘米的根系活动层，每亩次灌水量 2 立方米，年灌溉 0 次～5 次，年保障水源不超过 10 吨，较传统抗旱模式节水 92.3% 以上，抗旱保树、节本、稳产、增效效果显著。

2. 技术原理

植物根系吸收水分的效率很高，即使没有根系，如花瓶的插花，也可以吸收足够的水分，保证基本的生命活动需要。非充分灌溉就是人为制造部分根区水分匮缺逆境，产生水分逆境生理响应，令部分根区灌水通过灌溉穴下渗，使这部分根系活动层的土壤有充足的水分，保证根系能够正常吸收水分，而其他根区保持缺水干旱，诱导产生干旱、缺水信号，实现控制新梢生长和争水，限制叶片奢侈性蒸腾耗水，实现生理节水和节水灌溉的双重目的。

试验观察发现：柑橘在干旱非充分灌溉逆境下，不会发生叶片和果实大量脱落的生理现象，即使树冠受旱死亡，果实干枯死亡，形成僵果悬挂树上，也很少发生脱落现象，消除了人们干旱会导致柑橘叶片和果实大量脱落的顾虑。

在技术应用时，可关注叶片干旱濒临永久萎蔫的植物形态指标（即持续干旱后的早晨，叶片也不能正常展开，呈现萎蔫状态时），作为灌溉的最佳时间，使灌溉形态指标更加简洁明了，便于农民准确掌握灌溉时间和定额标准，科学灌溉。在此基础上，结合覆盖、抗旱剂等农艺抗旱技术，实现灌溉措施节水与生理节水的有机结合，在保证奉节脐橙优质高产的前提下，减少抗旱成本，实现节约用水的最大化。

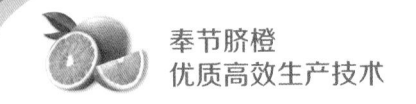

3. 技术方法

柑橘部分根区穴灌非充分灌溉抗旱技术，即在树冠滴水线附近开挖相邻的2个30厘米×30厘米×30厘米的穴，小树则只需开挖1个，将有限的水资源全部集中灌溉到部分根系的活动层，并用稻草等覆盖灌溉穴，形成根系活动区域土壤有效持水的相对富集区，利用根系的趋水性和吸水功能强的特性，保证奉节脐橙基本需水要求。

4. 技术效果

试验证实，柑橘漫灌达到抗旱效果，灌水深度需40厘米以上，每次耗水量超过60米^3/亩，同时，还会出现严重的地表蒸发耗水损失和柑橘叶片的奢侈性蒸腾耗水损失。常规穴灌抗旱技术需沿树冠开挖灌溉穴8个~12个，高温干旱期间，也会出现植物奢侈性蒸腾耗水，增大了用水量和灌溉成本；因灌水充沛，解除了植物缺水信号，新梢正常抽发，新梢、新叶失水较快，与老叶、果实争水，削弱了柑橘自身抗旱能力。

部分根区穴灌为主的非充分灌溉抗旱技术，

亩次需水量仅2立方米（亩栽40株），水分通过灌溉穴缓慢下渗至根系活动层，便于吸收，加以覆盖保墒，高温干旱期间，地表蒸发耗水和植物奢侈性蒸腾耗水均较小，节水抗旱效果显著。经过几次降雨过程，旱情解除后，干旱期间根系向灌溉穴的趋水性生长即被打破，非充分灌溉抗旱技术对三峡库区的季节性干旱区柑橘生长基本没有负面影响。

5. 验证试验

据重庆市农业技术推广总站在忠县新立镇大石坝村、桂花村和重庆三峡建设集团公司品种园的定点试验观察发现：柑橘5年生初投产园滴灌、穴灌与常规漫灌抗旱比较，甲级果率较漫灌分别增加51.8%和29.8%（见表2-4）；单产量分别为2430公斤/亩、675公斤/亩、540公斤/亩，分别较漫灌增产350%和25%，效果极为显著。在大面积上应用，成功抵御了2006年重庆市和2009至2010年西南五省区百年不遇特大干旱的危害，保障了产业安全，保证了重庆柑橘持续特大丰收。

表 2-4　柑橘不同灌溉方式果实膨大试验统计表

灌溉方式	果实横径（毫米）2006年8月20日	果实横径（毫米）2006年10月26日	果实体积（厘米^3）	甲级果率与漫灌比较
滴灌	48.3	65.4	146.39	+51.8%
部分根区穴灌	33.6	63.6	134.63	+29.8%
漫灌	33.6	56.9	96.408	0

三十六、脐橙是如何进行花芽分化的？

花芽分化是脐橙由营养生长向生殖生长转变的生理和形态的标志，花芽分化质量的好坏，直接关系到脐橙单产和品质。其分化时期发生在9月至翌年3月，分为生理分化期和形态分化期。

1. 生理分化期

脐橙生理分化期一般在9月至11月,主要是脐橙体内物质转化和积累的过程,秋梢的老熟标志着花芽分化的开始,生长健壮的秋梢、春梢和部分夏梢进入积累形成花芽的营养物质、激素调节物质、遗传物质等阶段,为形态分化打好基础。

2. 形态分化期

生理分化期完成后,即进入花芽的形态分化期。叶芽生长点组织的物质代谢及生长点组织形态开始发生变化,逐渐可区分出花芽和叶芽。各种花器官逐渐形成,可看到花瓣、雌蕊、雄蕊等,直到开花前才完成整个花器的发育。脐橙花芽的形态分化期一般从11月下旬开始,历时120多天,到翌年3月中下旬结束,花芽生态分化决定开花的质量。

三十七、如何促进脐橙花芽分化？

（一）脐橙开花的基本规律

1. 一树花半树果，半树花一树果

脐橙树势强，重施氮肥，营养生长旺，成花偏少；树势弱，营养生长差，成花较多。脐橙结果大年，通过果实吸收、富集和带走的营养物质较多，易导致营养失衡，产量低；遭遇小年，则反之。因此，需要根据叶片营养诊断指标，进行营养调控。

2. 脐橙花芽分化与环境和管理的关系

脐橙花芽分化受环境和管理的影响很大。秋冬季干旱，有利于促进花芽分化，成花多；反之，秋冬季多雨，不利于花芽分化，成花少；晚熟柑橘挂树时间长，消耗营养多，成花减少；脐橙枝、干环割，或分支角度大，不利于树冠光合作用合成的营养物质向根系移动，而利于营养物质积累在枝干，促进花芽分化。

（二）脐橙的促花技术

1. 生理调控促花

总的来说，秋季是脐橙花芽的生理分化期，冬季是脐橙花芽的形态分化期。理论上，脐橙春、夏、秋梢都能分化形成花；从营养生理角度来看，硼促进花器生殖器官的建成和发育，有利于开花结果；锌促进脐橙自身合成开花激素（植物生长素），因此，花芽分化期及开花前，缺锌、缺硼的果园，及时补充硼肥和锌肥，有利于促进花多、花壮、开花整齐，提高坐果率；晚熟柑橘补充锌肥，还可以促进未成熟果实的生长发育，防控果实粒化型枯水。补充硼肥，可用0.2%硼砂喷施树冠1次；补充锌肥，可用0.2%硫酸锌喷施树冠2次~3次，兼防脐橙果实枯水。

幼树、弱树要抑制成花，可在11月至12月喷60毫克/升~100毫克/升的赤霉酸，促进营养生长，抑制花芽分化，以利培育丰产树冠。

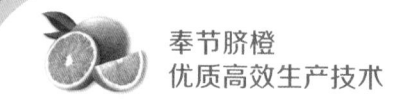

2. 农艺技术促花

晚熟脐橙的果实春季尚留树上，同时处于萌芽、开花、幼果细胞旺盛分裂和新老叶片交替阶段，会消耗大量的贮藏养分。此时，应根据脐橙叶片检测数据，对叶片氮低于2.5%的果园，花前土壤追施硫酸钾型有机复混肥，秋冬季对缺锌、缺镁、缺硼的果园，应分别叶面喷施硫酸锌、硫酸镁、硼砂补充树体营养之不足，有利花芽分化和开花结果，促春梢抽发并及时老熟。氮高于2.8%的脐橙园，春季和幼果期应控肥，不施含氮化肥，抑制营养生长，促进开花结果，打好高产基础。

在8月上中旬，放出足量健壮早秋梢；10月至12月间，强化排水，土壤适度干旱控水促花；旺长难成花的脐橙树在10月至11月喷600毫克/升~1000毫克/升的多效唑，抑制树体营养旺长；极难成花树，可再在11月至12月断根晾晒1个月左右；控制秋肥中氮肥用量，适度增加磷钾肥，停止施用冬肥。

3. 环割促花

花期、幼果期环割是提高花芽分化率、减少落果的一项有效方法，通过阻止营养物质向下转运，提高幼果的营养水平。环割较环剥安全，简单易行，但韧皮部输导组织易接通，环割一次常达不到应有的效果。对主枝每圈环割1毫米~2毫米宽的方法，可取得保花保果的良好效果，且环割1个月左右可愈合，树势越强，愈合越快，遭遇病害较轻。春季抹除1/3~1/2的春梢营养枝，可节省营养消耗，也可以有效地提高坐果率。

三十八、奉节脐橙如何保花保果？

（一）奉节脐橙落花落果原因

脐橙有自然落花落果的习性，重庆三峡库区全年有3次~4次落花落果，其中开花幼果期落果2次，采前落果1次，晚熟脐橙还会发生1次冬季落果。遭遇树体营养过旺、连阴雨、果园涨水、

低温寒潮和光照不足，会加重落果。

1. 第一次生理落果

从4月底至5月初谢花开始，5月上中旬达到高峰，特点是以落花为主，幼果带果柄脱落；落果率占总花量的90%左右。

2. 第二次生理落果

从5月下旬开始，6月上中旬达到高峰，6月底基本结束，特点是幼果从蜜盘脱落，占花量的10%以内。

3. 第三次生理落果

也称采前落果，一般发生于11月至12月脐橙成熟期或近成熟期，其间遭遇低温、连阴雨，果园排水不畅，土壤涨水，都会加重采前落果。10月至11月，遭遇吸果夜蛾、大实蝇危害的果园，也会出现较大比例落果。

4. 第四次生理落果

主要发生在晚熟脐橙上，发生于12月中旬至2月上旬。此时，晚熟脐橙尚未成熟，既不能吃，也不能卖，遭遇阴雨寒潮，缺钾和涨水的果园，容易发生严重的冬季落果，有的落果率达到70%以上，导致果农基本无收。

（二）奉节脐橙保花保果技术

1. 选择适宜区域、适地适栽

适地适栽是脐橙保果防落的基础。重庆三峡库区是典型的阴雨、多湿、寡照、夏秋高温、伏旱严重的生态气候区域，是世界日照的低值区，湿度大、光照不足是奉节脐橙落花落果较为严重的主要原因，选择光照较好、湿度较低的奉节及其周边的开州、云阳、巫山和巫溪海拔400米以下地区种植，可满足奉节脐橙对全年积温、光照的基本需求，靠近三峡大水体保护的区域可放宽至500米以下地区，有利于保果。

主城周边的荣昌、永川、江津、巴南、渝北、长寿、涪陵、垫江、丰都等区县，年光照1200小时左右，偏低，光照不足，湿度偏大，栽植脐橙春季落花落果、冬季落果较为严重，不适宜栽植脐橙，曾经江津、长寿、垫江建设的晚熟脐橙园，

大多低产或绝收，目前基本上都高接换种为春见、沃柑、爱媛28等杂柑。

2. 补充微肥保果

主要针对缺锌、缺硼果园，及时补充微量元素肥。奉节脐橙产区是缺锌、缺硼区。根据2006年至2018年，中国农业科学院柑桔研究所和重庆市农业技术推广总站的定位监测，开州、云阳、巫山、巫溪、奉节脐橙园普遍缺锌，缺锌率近100%，缺硼占40%~45%，缺镁占45%~50%。

锌：是植物生长激素的组分物质，脐橙缺锌会导致自身合成植物生长素受到抑制，导致小叶、黄化和坐果不稳，花期落果加剧，春季晚熟脐橙果实枯水，如2006年云阳县黄石镇移民果园的纽荷尔脐橙大面积黄化，2011年云阳县盘龙镇纽荷尔脐橙缺锌黄化低产，2011年前重庆市大面积晚熟脐橙果实粒化型枯水，都是缺锌导致，补锌后，全部得到矫治。

硼：主要存在于花器官中，与花粉形成、花粉管萌发和受精有密切关系。缺硼，花药花丝萎缩，花粉母细胞不能向四分体分化，授粉后的花粉不能萌发，严重的发生根尖、茎尖生长点死亡，甚至整株枯死，如2017年巫山县曲尺镇纽荷尔脐橙大年后，导致果园严重缺硼，出现了树冠黄化和部分果树死亡问题。

镁：是叶绿素分子的构成物质，对植物光合作用有至关重要的作用；也是控制脐橙大小年的重要营养元素，严重缺镁，会导致翌年柑橘小年或无收。

所以，缺锌、硼、镁等营养，都会导致奉节脐橙落花落果加剧，坐果减少，大小年趋重，导致果园低产低效。叶面施用锌、镁、硼等营养液为主的混合保果剂保果时，应主要喷布在树冠叶面上，效果较好。

禁用磷肥或磷酸二氢钾喷洒脐橙叶面。磷是促进柑橘叶面和果实绿藻虐生的主要营养物质，三峡库区湿度大，为绿藻虐生提供了较好的外部环境条件，一旦磷富集叶片表面，会加重绿藻危害，应禁用磷酸二氢钾等含磷营养液喷洒叶面，减轻和防止树冠叶面和果实绿藻的严重为害。

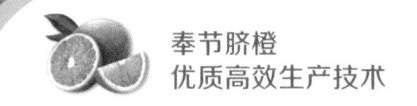

3. 农艺保花保果措施

环割技术：采用拉枝、撑枝与吊枝，改善主枝分枝角度，促花保果；旺长树环割，初花脐橙树，主枝可环割1圈～2圈，深达木质部；环剥大枝或主干深2毫米～3毫米，剥后包塑料膜。

整形修剪：控制旺长枝生长，打通光路，剪除拖地枝、交叉枝和树冠顶部过高枝干，改善通风透光条件，提高坐果保果率。

及时排灌：防止春旱、伏旱、连阴雨涨水和花期异常高温危害。

4. 激素保果剂

可在谢花3/4至谢花后1个月内，喷布1次～2次赤霉素、生长素、细胞分裂素等生长调节激素保花保果。赤霉素类激素：常用GA（920）效果较好；细胞分裂素类激素：常用BA效果较好；生长素类：2,4-D，浓度20毫克/升，主要防采前落果，防幼果脱落效果较差。不同激素保果试验效果见表2-5，实验证实，防止落果最有效的保果剂是"BA＋GA"，即细胞分裂素加赤霉素。

表 2-5 不同保果剂对纽荷尔脐橙的保果效果

保果剂	5月挂果数（个）	7月挂果数（个）	成熟时挂果数（个）
赤霉素（GA）	500	71	68
液化 BA + GA	500	132	121
叶面肥	500	46	43
对照	500	32	30

激素类保果剂使用时也应注意以下几点：

一是与营养液为主的保果剂相反，以赤霉素类（GA）为主的混合保果剂要对准花、果喷布效果好，整株喷布效果较差；

二是喷布的幼果数量越少，被喷幼果的坐果率越高；

三是使用时间必须在果实离层形成前；

四是激素使用不当，浓度过高，存在果皮增厚、外观变差的风险。

（三）奉节脐橙的疏花疏果

脐橙花量大，开花结果需要消耗大量的树体

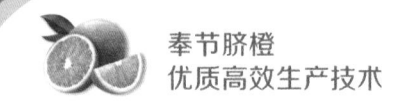

营养；自然坐果率低，丰产树坐果率一般不超过2%，98%的花果自然掉落，消耗和浪费大量的树体营养，需要及时通过疏花疏果调节和降低营养消耗。通常采用如下措施进行疏花疏果：

1. 花前复剪、花期摇花

剪除或短截花枝，花期摇花，谢花后摇幼果，降低营养消耗。

2. 增施氮肥促发春梢营养枝

上年秋冬遭遇干旱逆境或树势较弱的果园，成花量大，春季可增施1次氮肥，促进春梢营养枝旺长，抑制开花平衡树势。

3. 延迟喷施营养液保果剂

对于旺长树，在5月上旬。第一次生理落果结束前，有意识地控制和延迟营养液保果时间，增加第一次生理落果率，更多地减少树体营养损耗，实现自然疏花疏果。第一次生理落果结束后，再喷施0.2%硫酸锌等营养液保果剂1次~2次，防控第二次生理落果，结合秋季防枯水喷施硫酸锌，可较好地提高奉节脐橙单产。

4. 分期分批疏果

在脐橙果实发育过程中，适时分期分批疏除病虫果、畸形果、密生果、僵小果、粗皮大果，可显著提高在树脐橙的大小和外观品质。

三十九、晚熟脐橙与中熟品种比较有何不同？

1. 成熟期不同

晚熟脐橙成熟期与中熟品种成熟期相差2个月~5个月。11月至翌年1月，中熟脐橙成熟时，果实色、香、味俱佳，汁多味浓，此时的晚熟脐橙，果实颜色暗淡、口味偏酸、果汁较少，品质差、难以食用。2月至5月，挂树的中熟脐橙，已经过熟，果实逐步变软、易腐烂、不耐贮，变味，风味开始转淡，口感变劣，有的出现贮藏发酵味，难以销售；此时的晚熟脐橙色、香、味逐步达到最佳，果实硬度大、耐贮运，糖分和可溶性固形物含量高，高出中熟脐橙1%~4%，特别是4月，

晚熟脐橙花果同树，成为一道亮丽的景观，拉长了脐橙上市期，实现均衡上市供应，成为我国柑橘产业结构调整的重要方向，近年来，得到快速发展。

2. 果实生长发育不同

晚熟柑橘挂树时间长，需经受冬季低温寒害逆境和春季花果同树，新梢生长、花芽分化和开花结果、栽树果实生长发育都需要营养，春季开花期，出现了晚熟柑橘营养需求的高峰。采用传统种植方式，激素保果，往往会出现较为严重的冬季落果和春季果实粒化型枯水问题，严重时基本无收，给种植者造成很大损失。

3. 晚熟脐橙冬季落果和果实枯水的形成机制独特

重庆市农业技术推广总站和中国农业科学院柑桔研究所组织的团队，经过10年的持续研究证实：钾是重要的抗逆元素，树体缺钾是导致越冬脐橙大量落果的主因；锌是重要的促长元素，树体缺锌，会导致春季萌动至开花期在树果实出现严重的粒化型枯水。据此，研究团队研发出补钾、喷锌保果防落防枯水技术，很好地解决了我国晚熟脐橙冬季保果防落和防枯水问题。

四十、怎样防控晚熟脐橙冬季落果和果实枯水？

晚熟脐橙发展的关键瓶颈，是冬季落果和果实枯水导致的产量低、品质低、效益低问题。

长期以来，国内外脐橙留树保鲜和晚熟品种冬季保果，主要采用秋季喷施2,4-D等生长调节激素，大剂量使用化学激素类农药，不仅果品质量安全堪忧，果皮厚薄不均，商品质量下降，而且也难以解决冬季落果、果实枯水的问题。树冠覆膜保温防霜冻，可以很好地解决越冬脐橙果实冻害损伤，但是，缺钾果园覆膜后落果依然较重，为此，运用晚熟柑橘冬季落果和果实枯水形成机制原理，整合传统农艺保果措施，集成了晚熟柑橘保果防落果防枯水技术，使晚熟脐橙落果和枯

水率降至 5% 以下，该技术成果已获 2017 年重庆市科技进步一等奖。

1. 营养诊断指导补钾补锌

需通过测土、测叶营养诊断分析树体营养丰缺状况，通过叶片喷施锌肥等微量元素，土壤施用与叶面矫治喷施相结合补充钾元素，实现树体保果防落果防枯水靶向营养的均衡供应。鉴于奉节脐橙产区果园接近 100% 缺锌的状况，每年通过叶面喷施 2 次~3 次 0.2% 的硫酸锌，该次补锌可与保花保果和冬季喷钾合并施用防枯水；对于缺钾的脐橙园应区别对待，正常缺钾果园，通过土壤施钾肥矫治；监测到树体叶钙含量超过 4.5% 的高含钙果园，会出现钙钾拮抗导致的拮抗型缺钾，即土壤中钾不能被树体正常吸收的果园，补钾除土壤施钾肥外，还应结合补锌，叶片喷施 2 次 0.2% 硫酸钾+0.2% 硫酸锌混合营养保果液，增加树体叶钾含量，打破拮抗，提高土壤钾元素的吸收利用率，保果防落和防枯水。

2. 果园覆膜防霜保果

在冬季寒潮来临之前,采用树体覆盖薄膜,防止寒流及霜雪对果实、叶片、树体的直接侵蚀;采用主干覆草,增加树干抵御低温能力,也可减轻霜冻危害。覆膜果园,在2月中旬,温度回升后,应及时解膜,防止太阳天覆膜柑橘的树冠顶端出现叶片和果实的热害。

3. 应急熏烟防霜

对未覆膜的晚熟脐橙园要密切观察天气状况,在极端低温来临时的傍晚,通过燃烧谷壳、杂草、秸秆等进行熏烟,增加地表空气微粒数量,扰乱土壤能量辐射方式,减少土表热量快速流失,防止霜冻的发生。熏烟场地宜选择在冷空气易聚集的低洼地段,平均每亩1堆~2堆,要控制熏烟时间,通常白天不需要熏烟,晚上天色转暗后进行熏烟,减轻烟霾污染。

4. 开沟排水除涝防落

果园涨水,是柑橘采前落果和越冬柑橘落果的重要因子之一,疏通果园沟、渠、凼可以显著

降低采前落果和冬季落果损失。建设排水沟，应主要为土沟，深度80厘米，确保果园积水顺利排除，控制秋冬季连阴雨发生脐橙根系涨水导致的落果。

5. 采前灌溉防果实失水

春旱发生频繁的重庆、四川、湖北等地发生春旱，应进行灌溉，解除旱情，提高果实含水量，减轻枯水发生。春旱10天~15天灌水1次，直至果实采收结束。灌溉采用穴灌非充分灌溉或滴管，穴灌主要在果树树冠滴水线附近开挖1个~2个30升~50升的灌水穴，每次灌水约50公斤/株即可，发生降雨应顺延。

四十一、什么是晚熟脐橙"三防"技术？

晚熟脐橙"三防"技术就是晚熟脐橙冬季防落果、防枯水、防霜冻技术。

（一）防落果技术

主要措施：开沟排水除涝、缺钾果园补钾，综合防控吸果夜蛾和柑橘大实蝇也可以减少落果。

1. 涨水果园保果防落，重点是开沟排水除涝

脐橙根系忌涨水，果园排水不畅，遭遇连阴雨，会加重采前落果。三峡库区连阴雨、土壤涨水导致的脐橙落果，主要表现为春季"落花落果"、秋季"采前落果"和冬季"果实脱落"三个方面。

春季"落花落果"。发生在4月下旬至6月中旬，脐橙开花结果至第二次生理落果结束，遭遇连阴雨，如果叠加果园排水不畅，会出现严重的落花落果。

秋季"采前落果"。发生在9月至11月，早中熟脐橙逐步成熟，果蒂离层开始形成，遭遇连阴雨涨水危害，会加快离层形成，导致采前大量落果；建立和完善果园排水系统，可以显著降低落果率。

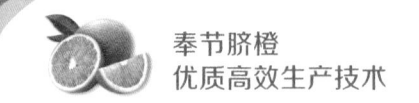

冬季"果实脱落"。发生在12月至第二年2月上旬，越冬晚熟脐橙尚未成熟，遭遇寒潮连阴雨天气，排水不畅的果园，会出现严重脱落，较短就发生第二次寒潮连阴雨天气的果园，落果率较第一次趋重。建立和完善果园排水系统，有条件的可推广地面覆膜隔水防涝增糖技术等综合措施防控。

2. 缺素果园冬季防落，重点补钾

钾是抗逆元素，可调节干旱和寒害逆境，使作物体内可溶性氨基酸和单糖减少，纤维素增多，细胞壁加厚，同时钾能促进光合作用产生的营养物质向果实中转运，促进糖分、蛋白质等在果实器官中贮存，增加果实细胞液黏稠度，降低细胞溶液冰点，从而提高作物的耐冻、抗旱能力；同时钾离子增加也可直接提高细胞的渗透势，也可使冰点下降，减轻冬季低温霜冻危害；钾还能促进植物形成强健的根系和粗壮的木质部导管，从而提高脐橙的抗寒能力，控制落果。

脐橙叶钾含量适宜值为1.0%～1.5%，叶钾元

素不足，应土壤施用硫酸钾或硫酸钾镁，对叶钙含量超过 4.5% 的高含钙果园，施钾后还应叶面喷施 0.2% 硫酸钾 1 次~2 次，打破钙钾拮抗阻滞柑橘对钾元素的吸收，提高植物对土壤中钾元素的吸收利用率，矫治生理缺钾导致的冬季落果。

（二）防枯水技术

脐橙果实失水主要有 2 类：萎蔫失水和粒化型枯水。

1. 果实萎蔫失水，可通过灌溉解除

果实萎蔫失水为干旱缺水，主要发生在脐橙遭遇严重冬旱和春旱时，果实中的水分被输送至叶片等器官维持基本生命活动，导致果实萎蔫失水，可通过灌溉抗旱解除。萎蔫失水发生后，脐橙果皮起皱、失去光泽，果实缩小、变软，瓤瓣软绵，果汁减少，口感失去脐橙特有的脆性。

2. 果实粒化型枯水，可通过叶面喷锌解除

果实粒化型枯水为生理失水，主要发生在 2 月下旬至 5 月新梢萌动和花芽生长发育与开花结

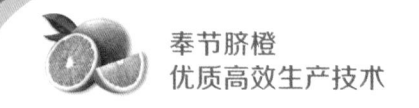

果期，通过灌溉抗旱，不能解除。

与早中熟品种相比，晚熟脐橙结果习性发生了根本变化。开春后，晚熟脐橙花果同树，新梢生长、开花结果和未成熟果实生长发育都需要植物生长素调节营养，生长素不足会导致营养调节紊乱，出现粒化型枯水。发生粒化型枯水的果实，外观与正常果实没有明显区别，但因失水，重量明显减轻，瓤瓣内汁胞粒化、发白、易分离，由果实蒂部至果顶部逐步加重，严重的整个果实全部粒化，口感如木屑，味淡、果汁少或无，失去食用价值。

锌是植物合成生长素激素的必需组分物质，据重庆市农业技术推广总站研究证实，三峡库区柑橘园缺锌率为98.5%，脐橙缺锌极为普遍。缺锌会导致脐橙自身不能合成足够的生长激素，出现严重的春季落花落果和导致低产，还会导致晚熟品种未成熟果实的生长发育受阻，出现粒化型枯水。过去，大多采用外源喷施生长调节激素如2,4-D、赤霉素（GA）等补充。但是，外源激素喷施往往不均匀，过多喷施在叶面上，会促进脐橙营养枝旺长，加重果实营养失衡；喷在果实上，会刺激果皮生长，浓度过大、次数过多，会导致果实畸形和果皮增厚，影响外观质量。

中国农业科学院柑桔研究所用锌铁运转蛋白家族 ZIP 基因标记，开展缺锌柑橘的锌离子运转实验，证实缺锌是导致晚熟柑橘枯水的主因，发现柑橘在缺锌 9 小时后，与锌相关的锌铁运转蛋白家族基因 ZIP2、ZIP3、ZIP4 和 bZIP19 会较快表达，18 小时后达到高峰，进一步维持长时间缺锌处理，运转表达量均呈下降趋势。这说明柑橘发生缺锌后十多小时，缺锌柑橘为保证开花结果和新梢生长，锌离子会快速运转至急需的组织并逐步稳定下来，影响未成熟脐橙果实生长发育，出现果实糖分下降和汁胞粒化型枯水。

根据该研究成果，研发出缺锌果园叶面补锌技术，全年用 0.2% 硫酸锌补锌 2 次 ~ 3 次至 25 毫克/升 ~ 100 毫克/升的适宜值范围，枯水率基本维持在 1% 左右，单产稳定在 2 吨以上，全面解

决脐橙粒化型枯水难题。

（三）防霜冻技术

主要是应用覆膜防霜与应急熏烟防霜措施合理避霜。

种植在500米以上较高海拔或纬度偏北区域的晚熟脐橙，以及易于冷空气沉积，且无大水体保护的低洼谷底，极易遭遇极端低温霜冻危害，造成果实冻伤损失，需要提前规避和防范。

1. 合理避霜

防止晚熟脐橙霜冻最有效的方法是合理避霜。新建园，应选择常年无霜的区域，如三峡大水体保护的沿江海拔低于500米的迎水面，其他地区海拔400米以下区域。避开容易遭遇低温霜冻的区域发展晚熟脐橙，合理避霜。

2. 覆膜熏烟防霜

常年遭遇低温霜冻危害的现有脐橙园，如有利于冷空气沉积的低洼地、谷底地和温度偏低的高海拔地果园，可采用树冠覆膜防霜冻，遭遇特大寒潮的年份，按每亩2堆左右的密度，应急熏烟，扰乱明霜形成，防果实霜冻。

四十二、脐橙检疫性病虫害有哪些？

为害柑橘的检疫性病害有：柑橘黄龙病、柑橘溃疡病，其中重庆无柑橘黄龙病，柑橘溃疡病在个别区县呈输入性零星发生，主要通过砧木、接穗和种苗传入，应采用全园砍烧销毁处理。

为害柑橘的检疫性虫害有：柑橘大实蝇、柑橘小实蝇和蜜柑大实蝇，其中在重庆局部发生的主要为柑橘大实蝇和柑橘小实蝇。

四十三、如何防治柑橘大实蝇？

1. 柑橘大实蝇的生物学特点

柑橘大实蝇成虫体长12毫米~13毫米（不包括产卵管），翅展20毫米~24毫米；体黄褐色，复眼亮铜绿色，单眼三角区黑色；触角3节，黄色，端节扁平膨大；胸部背面具6对鬃，中央有深茶褐色倒"Y"形斑纹；翅透明，前缘区大部分淡棕黄色，翅痣棕色，臀室区色较深；足黄色，跗节5节。老熟幼虫体长15毫米~18毫米，头宽约2毫米，尾部宽约3.2毫米，乳白色圆锥状。柑橘大实蝇一年只发生1代，主要是幼虫为害柑橘果实瓤囊，使果实内部腐烂，提早转色脱落，严重时满园落果。防控的最佳时期是幼虫期和成虫期，只要牢牢把握好"成虫诱杀、蛆果处理"两个关键环节，从理论上讲，疫情是可以控制的。

2. 柑橘大实蝇的防控方法

诱杀成虫，是柑橘大实蝇防控的重点。柑橘大实蝇成虫活动时间一般为5月上旬至8月上旬，高峰期在6月上中旬至7月上中旬。

方法一："稳黏"诱杀。6月上旬开始，在大实蝇发生区域，每10株树悬挂1个引诱瓶，间隔10天更换1次，悬挂高度1.5米左右，靠近山林果园周边适度多挂。引诱瓶用500毫升左右无色矿泉水瓶制作，制作时先撕掉矿泉水瓶标签，用适宜宽度的食品保鲜膜粘贴矿泉水瓶表面一圈，喷上诱杀剂；更换时撕掉原有保鲜膜后重新粘贴保鲜膜，再喷上诱杀剂。

方法二：球形诱捕器诱杀。6月上旬开始，在大实蝇防控区域，每10株树悬挂1个球形诱捕器，间隔15天~20天更换1次，悬挂高度1.5米左右，靠近山林果园周边适度多挂，诱捕成虫。

方法三：喷药诱杀。点喷"果瑞特"（0.1%阿维菌素浓饵剂，每隔7天~10天1次）诱杀，或选用12%高氯·毒死蜱、25克/升高效氯氟氰菊酯、5%阿维菌素乳油等杀虫剂驱杀，即可确保当年果实不受严重危害，同时兼治蚧壳虫、蚜虫等害虫。

3. 处理蛆果

7月至8月摘除有产卵痕的青果，9月至11月干净彻底摘除"未熟先黄果"，每周处理一次，及时捡净树下及果园周边全部落地果，将摘除和捡拾的蛆果放入塑料袋，投放磷化铝1粒~2粒，扎紧袋口熏杀20天以上；只要做到"蛆果不落地，蛆虫不入土"，就可确保来年无虫源。

4. 农业措施

冬季翻耕，消灭地表10厘米~15厘米耕作层的部分越冬蛹；对历年发生严重的果园，在4月下旬，成虫羽化出土前，每亩用5%辛硫磷颗粒剂2公斤~3公斤，拌细黄土1.5公斤，在果园地面均匀撒施。

四十四、如何防控柑橘溃疡病？

柑橘溃疡病是国内外植物检疫对象，处置原则是"砍防结合，以砍促防"，只要联防联控、统防统治，就能够封锁疫情，避免大面积快速蔓延成灾，保护果实商品外观和植株不受病菌损伤，提高果实产量和质量安全水平。

1. 严格检疫

严禁从疫区调入柑橘种苗包括接穗、砧木、种子和果实，违规调入的，应依法予以销毁。

2. 加强种苗管理

取缔私自育苗、贩苗行为，对明知发生疫病，仍然生产、销售的单位或个人立案调查，追究经济和法律责任。

3. 集中砍烧

及时砍除烧毁带病果树，砍烧销毁的果园，三年内不得种植柑橘、柚子、柠檬、枳壳、佛手、花椒等芸香科植物。

4. 实现联防联控，提升综合效益

砍烧感病果园、苗圃，阻断传染源，杜绝溃疡病菌传染给周边健康果园，可以保证大面积生产安全。重庆市建设柑橘非疫区，基本没有柑橘溃疡病，大幅减少防控用药的施用，仅此一项，每年为健康果园节约控病成本800元/亩左右。

四十五、奉节脐橙常见病虫害有哪些？

1. 奉节脐橙的主要病害

病毒类病害：柑橘裂皮病、衰退病、碎叶病、鳞皮病、温州蜜柑萎缩病、柠檬黄脉病等。

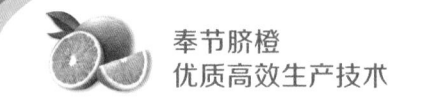

真菌病害：炭疽病、脚腐病、疮痂病、黑（褐）斑病、树脂病、煤烟病、绿藻病等。

2. 奉节脐橙的主要虫害

害螨类：柑橘全爪螨（红蜘蛛）、柑橘始叶螨（黄蜘蛛）、柑橘锈螨（锈壁虱）。

蚧壳虫类：矢尖蚧、黑点蚧、糠片蚧、吹棉蚧、红蜡蚧。

同翅目：黑蚱蝉、蚜虫、黑刺粉虱、柑橘粉虱、双刺姬粉虱等。

鞘翅目：星天牛、褐天牛、白芒锦天牛，恶性叶甲、橘潜叶甲，金龟子等。

鳞翅目：潜叶蛾、拟小卷叶蛾、褐带长卷叶蛾、枯叶夜蛾、枯叶嘴壶夜蛾、鸟嘴壶夜蛾，柑橘凤蝶、玉带凤蝶、柑橘尺蠖等。

双翅目：柑橘大实蝇、柑橘小实蝇、花蕾蛆、橘实雷瘿蚊等。

瘿刺目：蓟马科，茶黄蓟马、褐三棕蓟马、花蓟马、八节黄蓟马、黄胸蓟马、棕榈蓟马、色蓟马；管蓟马科，边腹曲管蓟马、中华简管蓟马、橘简管蓟马、狭翅简管蓟马。

半翅目：蝽类。

软体动物蜗牛、蛞蝓（鼻涕虫）等。

四十六、奉节脐橙病虫害防控为何首选生物物理技术？

奉节脐橙病虫害防控，遵循"预防为主，综合防治"原则。选用防控持续时间较长的生物物理防控技术，预防病虫害的覆盖期最长，运行成本最低；遭遇严重病虫害时，可对发生果园用药挑治，降低化学农药用量，提升奉节脐橙质量和安全水平。

柑橘病虫害种类繁多，除为害叶片的外，还有些在地里为害，有些昼伏夜出为害，还有些针对树干、果实为害，常常被果农忽略。这些病虫害世代交替发生，且奉节脐橙集中成片种植交替，往往导致病虫害的连坐发生。基地规模越大，靠人力防控的全园喷药的周期越长，有的全园喷药

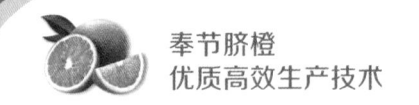

一次，与下次间隔时间超过7天，容易错过最佳防控时期；一些果园防控，一些果园不防控，导致周边未防控果园虫害迁移危害；有的病虫情发生很轻，或局部发生，全园防控成本很高，但是，若不及时加以控制，随着其不断繁殖，扩散的范围也会不断增大，就会导致严重的病虫害发生。

病虫害预防选用全园生物物理防控技术，可在较长时间内自动控制病虫情的发生，保护果园的安全生产和经济损失。如：采用柑橘无病毒苗木，可免遭检疫类和病毒类病害危害的周期长达几十年；遭遇虫情危害，悬挂太阳能杀虫灯，使用寿命长达3年~5年，每天自动诱杀目标害虫；悬挂捕食螨，可以确保3月至10月生长季的红黄蜘蛛和锈壁虱难以大规模爆发；悬挂黄板、蓝板粘杀害虫的有效期达3月~4月；树干涂白，可以防控天牛、吉丁虫等危害1年~2年。

四十七、脐橙病虫害生物物理防控技术内容是什么？

1. 生物物理防控的基本原则

第一，严防检疫类和病毒类病害随苗木、接穗传播。苗木栽植应选用重庆市内正规苗场种苗，禁止市外调运苗木和接穗，可阻断疫病远距离传染通道，为不用或少用化学农药奠定基础。第二，生物物理控虫技术全园覆盖，不留死角，持续控制主要害虫的危害。第三，营养诊断平衡施肥，控制生理性病害，提高树体自身控病能力，在提高单产和品质的同时，提升果园综合经济效益。

2. 选用无病毒苗木或接穗

柑橘最大的减药降本措施是建设非疫区，严禁检疫类和病毒类病害随苗木、接穗和砧木传播到非疫区，危害健康果园，可以实现大面积减少用药次数和用药量，持续几十年甚至上百年，每年都显著减少脐橙的控病成本。

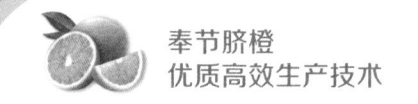

据有关专家介绍，我国南方柑橘黄龙病、溃疡病疫区，每 7 天～14 天用药 1 次预防或控制性用药，主要防柑橘溃疡病病斑上果和黄龙病媒介昆虫——木虱，每年多达 20 次左右，较重庆三峡库区建设的柑橘非疫区果园多喷药 15 次～17 次，仅此一项，非疫区果园每年每亩减少用药成本约 800 元～1000 元，为此，重庆百万亩脐橙，每年可节约打药成本 8 亿元～10 亿元。

建立柑橘非疫区，需要广大果农和企业的积极参与，可通过村规民约相互监督，坚决杜绝从市外疫区调运种苗，一旦发现立即报告和砍烧销毁，确保自身利益，维护周边柑橘园利益。

3. 生物物理防控技术的主要内容

主要是太阳能杀虫灯、捕食螨、粘虫色板、诱杀罐（球）、树干涂白等物化控虫技术和采用矿质农药防控，在柑橘园全覆盖。

太阳能杀虫灯：根据主要虫害类型，选择目标害虫敏感光源，按每 40 亩～50 亩安装 1 盏的挂灯密度，高出树冠 0.5 米的挂灯高度，自动诱杀恶性叶甲、橘潜叶甲、潜叶蛾、拟小卷叶蛾、褐带长卷叶蛾、枯叶夜蛾、枯叶嘴壶夜蛾、鸟嘴壶夜蛾、金龟子、柑橘尺蠖、玉米螟等柑橘害虫。

粘虫色板（球）：在树冠中部外侧悬挂，考虑到同时防控柑橘粉虱、蚜虫、蓟马、实蝇等，应混合悬挂黄板和蓝板（球），按4株挂1张板的最低悬挂密度，悬挂粘虫色板，附着的害虫达到一定量或悬挂时间超过3个月，黏性不足时及时更换。黄板主要防控柑橘粉虱、蚜虫，蓝板对柑橘蓟马、大小实蝇、花蕾蛆等害虫有较好的诱杀效果。柑橘大小实蝇严重的果园，可选用绿色仿生诱杀球，诱杀效果更佳。

捕食螨：可以控制红黄蜘蛛、锈壁虱、蓟马等害虫。一般每株1袋抗药性捕食螨，也可解开撒施到树冠上，使用时间应在3月低温度回升以后，适应捕食螨生活时悬挂，释放捕食螨控虫的果园采用生草栽培管理模式，严禁使用除草剂除草。

粘（诱）虫带：在主干基部附近缠绕1圈粘

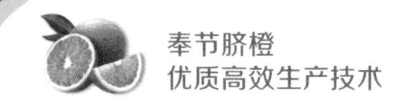

虫带或诱虫带，防控红黄蜘蛛、蛞蝓、蜗牛等上下树习性的害虫；采用诱虫带，应在冬季取下烧毁杀灭躲藏在袋中的越冬害虫。防控蛞蝓、蜗牛等可分泌黏液的害虫，应采用含多聚乙醛等触杀蜗牛药剂的粘虫带。在树干四周撒一圈新鲜草木灰，也可防止蜗牛、蛞蝓上树危害。

树干涂白：主要针对树干抗寒，天牛和栖息在树干的越冬病虫害防控，刷白高度为离地80厘米或第一级分枝处，刮去树干翘皮，均匀刷上涂白剂。用专用涂白剂或自配石灰食盐涂白剂，在调制石灰浆时应添加食盐，增加黏稠附着力，同时杀灭天牛在树干产卵孵化的幼虫、树皮缝隙的吉丁虫，石灰和食盐可以杀灭通过树干上下的蜗牛和蛞蝓。

涂白剂可自己配制，配方比例和配制方法：生石灰10公斤+硫磺粉1公斤+生盐0.2公斤，加水30公斤~40公斤搅拌均匀，调成糊状而成。

诱杀：采用糖、酒、醋诱杀罐和性诱剂等诱杀大小实蝇、枯叶夜蛾、枯叶嘴壶夜蛾、鸟嘴壶夜蛾、卷叶蛾等害虫。

糖酒醋诱杀液可自己配制，配方比例和配制方法：将糖、白酒、醋、水按1：1：4：16混合，加入少量有机磷杀虫剂，用木棍搅拌均匀，分装到开口的敞口容器中，悬挂在果园树上。

矿质农药防控：主要是依靠营养诊断配方施肥技术，指导平衡施肥，矫治全部13种矿质营养元素丰缺失衡导致的生理性病害，增强树势，增强抵御病害发生的能力。采用矿质农药防控，需要调用果园叶片营养检测数据，没有送样检测的果园，可参考周边监测果园的数据，结合土壤监测指标，按照控丰补缺、缺啥补啥的原则，遴选含有益营养元素矿物质，如硫酸铜、硫酸锌、硫酸镁、硼砂等，或矿物质的混合制剂，如波尔多液、石硫合剂等，或含有益微量元素的农药，如代森锰锌、代森锌、松脂酸铜等低毒低残留农药，防控病害、补微肥。

4. 技术的成本

脐橙全年全园物化技术成本约150元/亩，其

构成如下。

太阳能杀虫灯：每40亩1盏，管护4年，价格2500元/盏，折合15元/（年·亩）。

捕食螨：每亩40株，每株1袋，每袋1.2元计，需投入48元。

粘虫板：成本每张1元，平均每亩次15张，全年2次共30元/亩。

树干涂白：每株0.5元，40株计20元/亩。

诱杀：每亩2瓶，每瓶次5元，每年2次，计20元。

矿质微量元素：主要有0.2%硫酸锌、0.2%硫酸镁、0.08%硫酸铜、0.2%硼砂等，预计12元/亩。

其他杀虫、保果药剂等：5元/亩。

四十八、如何进行冬季清园？

早中熟脐橙园，每12月到来年1月进行冬季清园，应对包括果枝粉碎物覆盖区域在内的柑橘全树、全园喷施一次石硫合剂或波尔多液清园，消灭在叶、枝、果和园区土壤中越冬的虫害。

晚熟脐橙清园，要综合考虑越冬果实保果防落问题，可在春季采果后进行整形修剪和清园。如果必须冬季清园，应根据营养诊断检测指标综合判断，发现柑橘树体含钙量达到和超过4.5%时，应慎用石硫合剂，防止叶钙继续升高，加重钙钾拮抗，导致生理型缺钾，影响品质；若出现冬季缺钾落果，可用松脂合剂、机油乳剂或代森锰锌、代森锌等药剂替代。

四十九、如何防治脐橙主要常见病虫害？

脐橙病虫害防控，主要采用生物物理防控措施，但不排除极端情况下，突发病虫害爆发情形，需要对爆发病虫情严重的植株和果园用化学农药进行应急防控，防止病虫情传播蔓延。

（一）主要虫害及防治技术

脐橙虫害主要有柑橘红蜘蛛、锈壁虱、潜叶蛾、矢尖蚧、恶性叶甲、星天牛等。黄蜘蛛防治方法与红蜘蛛相似。

1. 柑橘红蜘蛛

症状：

红蜘蛛雌成虫长约 0.39 毫米，宽约 0.26 毫米，近椭圆形，紫红色，背面有 13 对瘤状小突起，每一个突起上着生 1 根白色刚毛。雄成螨鲜红色，体略小，长约 0.34 毫米，宽约 0.16 毫米，腹部后端较尖，近楔形，足较长。以成螨、若螨和幼螨刺吸柑橘叶片、绿色枝梢和果实汁液，破坏叶绿体。被害处呈现出许多灰白色小斑点，严重时，叶片和果面灰白色，叶片提早脱落，甚至导致落果，树势衰弱，直接影响产量和品质。

防治方法：

农艺措施。冬季彻底清园，清理僵叶卷叶集中烧毁，以减少越冬虫源；园区实行生草栽培，保护园内藿香蓟类杂草和其他有益草类，或间种豆科类绿肥植物，禁用除草剂，有利于捕食螨等天敌的栖息繁衍。

化学防治。采果后春梢萌芽前，喷波美浓度0.8度~1度石硫合剂、松碱合剂8倍~10倍液，95%机油乳剂80倍~120倍液，降低红蜘蛛等越冬病虫卵基数。3月至4月用5%嘉育3000倍液（或螨危4000倍液、乙螨唑3000倍液）+1.8%阿维菌素2000倍液喷雾。9月用螨危4000倍~5000倍液（或5%嘉育3000倍液）+1.8%阿维菌素1500倍液，喷雾。

2. 柑橘锈壁虱

症状：

也称锈壁螨，以成、若螨群集在柑橘叶片、果实、枝条上，以口器刺入表皮细胞吸食汁液。叶片、果实受害后油胞被破坏，内含芳香油溢出被氧化而呈黄褐色或古铜色，故称黑炭丸、黑皮果，或叶背成黑褐色网状纹。严重被害时，叶片会硬化、畸形，幼果大量脱落，光合作用受到抑

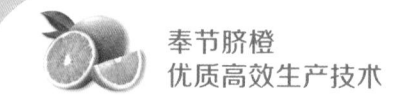

制，树势下降，果实品质变劣。

防治方法：

农业措施。果园生草，旱季适时灌溉，以减轻锈壁虱的发生与为害。

化学防治。定期用10倍放大镜检查叶背，若每个视野平均有锈螨2头时，应立即喷药防治。药剂可选用70%安泰生（丙森锌）可湿性粉剂或80%大生M-45（代森锰锌）可湿性粉剂600倍~800倍液，1.8%阿维菌素乳油3000倍~4000倍液，5%霸螨灵（唑螨酯）悬浮剂1500倍~2000倍液。喷药要均匀细致，树冠内膛和果实向阳面一定要充分、均匀着药。

3. 柑橘潜叶蛾

症状：

又名绘图虫、鬼画符等。以幼虫潜入嫩叶，在嫩梢表皮下取食，形成银白色的弯曲隧道，受害叶片卷缩、变形，易于脱落，影响树势和来年开花结果。被害叶片常常是害虫的越冬场所，其造成的伤口有利于柑橘溃疡病菌侵入。幼树和苗木受害较重，秋梢受害重。

防治方法：

农业措施。剪除受害严重枝条和越冬虫枝，减少虫口基数；加强栽培管理，增强树势，通过抹芽控梢、去早留齐促使抽梢一致，可减低受害程度。

化学防治。放梢待多数新梢长0.5厘米~1.0厘米时喷药，间隔7天1次，连续2次~3次。使用药剂：1.8%阿维菌素乳油2000倍~3000倍液，或3%啶虫脒乳油1500倍~2000倍液，或10%吡虫啉可湿性粉剂1000倍~1500倍液，或除虫脲悬浮剂1500倍~2500倍液。

4. 矢尖蚧

症状：

以成虫、若虫固定于叶片，在果实和嫩梢上吸食汁液，使叶片褪绿变黄，果实被害处呈黄绿色斑，果畸形，外观差，果品劣。严重发生时，叶枯枝干，树势衰弱，甚至死亡。

防治方法：

农业措施。3月份以前及时剪除虫枝、荫蔽枝、干枯枝集中烧毁，减少虫源；改善果园通风透光条件，减轻矢尖蚧为害。

化学防治。重点应放在第一代一、二龄若虫期。在4月中旬起经常检查当年春梢或上一年秋梢枝叶，当游动若虫出现时，应在5天内喷药防治。药剂可选用48%毒死蜱（乐斯本）乳油1000倍~2000倍液，或25%喹硫磷乳油600倍~1000倍液，间隔20天再喷1次，连续2次。形成介壳后，可选择40%杀扑磷乳油600倍~800倍液。采果后至春梢萌发前，冬季清园可喷松脂合剂8倍~10倍液，30%松脂酸钠水乳剂1000倍~1200倍液，99%机油乳剂（绿颖牌）100倍~150倍液。

生物防治。矢尖蚧的天敌有日本方头甲、整胸寡节瓢虫、红点唇瓢虫、湖北红点唇瓢虫、矢尖蚧蚜小蜂、黄角蚜小蜂和红霉菌等，在第二、三代时发生量较多，有很好的控制效果。在喷药时最好不要喷有机磷和拟除虫菊酯类杀虫杀螨剂，以免杀伤天敌。

5. 恶性叶甲

症状：

成虫椭圆形，雌虫体长3.0毫米~3.8毫米，体宽1.7毫米~2.0毫米；头、胸和鞘翅蓝黑色，有金属光泽；头小，缩入前胸；口器、足及腹部腹面均为黄褐色；触角丝状，11节，黄褐色；前胸背板密布小刻点，每鞘翅上纵列小刻点10行半；胸部腹面黑色；后足腿节膨大，善跳跃。老熟幼虫体长约6毫米~7毫米，头部黑色，胸、腹部草黄色，半透明。以成虫和幼虫为害新梢嫩叶、嫩茎、花蕾，导致叶片严重残缺、干枯，花蕾和幼果脱落，产量减少。

化学防治：

开花前后幼虫大量出现和5月中下旬成虫大量取食时，用2.5%敌杀死乳油2000倍~2500倍液，或20%速灭杀丁乳油3000倍~4000倍液，或马拉硫磷乳油800倍~1000倍液喷施灭杀。

6. 星天牛

症状：

成虫体长22毫米~39毫米，漆黑色，有金属光泽；触角超过体长，雄虫尤甚，倍长于体，第3至第11节基部均有淡蓝色的毛环；复眼黑褐色；头部和腹面披银灰色和灰蓝色细毛；前胸背板光滑，中瘤明显，侧刺突粗壮；鞘翅漆黑，基部密布大小不一的颗粒，表面散布许多白色斑点，排成不规则5横列。以幼虫在近地面处蛀食寄主植物的树干和大根，造成主干基部皮层坏死剥离。幼虫在木质部内长期蛀食，蛀道曲折，被害植株逐渐衰弱，以至于整株死亡。

防治方法：

5月至6月在成虫羽化盛期，以清晨和晴天中午组织人工捕杀成虫；成虫羽化产卵前用生石灰5公斤、硫磺粉0.5公斤、盐0.25公斤、水20公斤，调成灰浆，涂刷树干第一节分枝以下0.5米~0.8米高，可减少成虫产卵；6月至7月定时检查树干，当发现树干基部有产卵痕或有泡沫状物堆积时，即用利刀刮杀卵粒及低龄幼虫；幼虫在树皮下蛀食期或蛀入木质部未深入时，可用带钩的铁丝顺着虫道清除虫粪钩杀幼虫。

发现树干基部有新鲜虫粪时，表明星天牛幼虫已深入木质部为害，需用药进行毒杀。方法是用脱脂棉球蘸80%敌敌畏乳油10倍~50倍液塞入蛀孔内，或用注射器将80%敌敌畏乳油500倍~600倍液注入，然后用湿泥土封堵孔口，熏蒸毒杀幼虫。

（二）主要病害及防治技术

1. 炭疽病

症状：

柑橘炭疽病菌主要为害叶片、枝梢和果实，亦为害花、果柄，以及大枝和主干。具有潜伏侵染和弱寄生两个特性，也就是说，树体生长正常，没有损伤，很少感病。

叶片受害有两种症状类型。叶斑型（慢性型）：病斑多出现在老叶片上，呈半圆形或近圆

形，稍凹陷，中央初为黄褐色、后呈灰白色，边缘深褐色，染病和健康组织界限分明。天气潮湿时，病斑上出现散生或呈软驱纹状排列的黑色小点。叶枯型（急性型）：常发生在新梢嫩叶上，病斑常从叶尖开始，初为暗褐色，似被热水烫伤，后变为黄褐色，似云状纹，病斑边缘很不明显，病部组织枯死后，常呈"V"字形或倒"V"字形斑块，其上也可产生黑色小粒点，病叶很快脱落。

枝梢发病多发生在发育不良和受冻害的秋梢上，一些管理不善或抛荒的橘园发病常严重，脐橙缺素黄化，以及果园排水不畅和土壤涨水，都会加重病害发生。病害常自上向下发生，病部初为褐色，逐渐扩展呈灰白色，病健交界处有一条明显的褪色线纹，最后受害枝梢干枯死亡，其上产生许多小黑点。花朵发病，雌蕊柱头发生腐烂，褐色，引起落花。

刚落花坐果的幼果受害，产生暗绿色油渍状斑点，后扩展至全果，在潮湿条件下，病果表面长出白色霉层及淡红色黏液。成熟果实发病，症状有干疤和腐烂两种类型。干疤型：多出现在果腰部位，病斑圆形或近圆形，黄褐色至深褐色，病部果皮革质或硬化，病组织只限于果皮，不深入瓤瓣，条件适宜时，干疤型可转变成腐烂型。腐烂型：主要发生在采收前和贮运期，多从果蒂部或其附近开始褐色水渍状腐烂，潮湿时病斑上产生橘红色小点或黏液。果柄被侵染，初期呈淡黄色，后变褐色干枯，呈枯蒂状，果肩皮部黄色，随之落果，或果肩渐干枯，病果挂在树上。

防治方法：

农业措施。增施有机肥，改良土壤；及时松土、灌水，覆盖保湿、保温防冻害，雨季排除积水；果园种植绿肥或进行生草栽培，改善园区生态环境；避免不适当的环割伤害树体；剪除病枝叶和过密枝条，使果园通透性良好，以减少菌源。

化学防治。在春季花期、幼果期和嫩梢期，及时喷药1次~2次防病。对9月至10月果梗（蒂）干枯落果严重的果园，应在8月至10月间喷药2次~3次。药剂有：70%甲基托布津可湿

性粉剂700倍~800倍液，80%大生M-45可湿性粉剂或安泰生可湿性粉剂600倍液，50%咪鲜胺锰络合物可湿性粉剂1000倍~2000倍液，或10%苯醚甲环唑水分散剂1000倍~1500倍液。果实采收后用22.2%抑霉唑乳油250倍~1000倍液+50%苯来特可湿性粉剂1000倍液混合液浸果1分钟~2分钟，以防果腐型病害。

2. 流胶病

症状：

为害柑橘的主干、大枝，也可在小枝条上发生。初发病时，皮层出现红褐色小点，疏松变软，中央开裂，流出露珠状的胶液。以后病斑扩大，不定形，病部皮层褐变，有酒糟味，流胶增多，病斑沿皮层纵横扩展。病皮下产生白色层，病皮干枯卷翘脱落或下陷，剥去外皮层可见白色菌丝层中有许多黑褐色、钉头状突起小点。在潮湿条件下，小黑点顶部淡黄色。病树叶片淡黄色、失去光泽、早落，枝条枯死，树势弱，开花多，结果少，产量低，果质劣，严重时，主干皮层全部受害，导致植株死亡。苗木发病，多在嫁接口、根颈部表现症状，病斑周围流胶，树皮和木质部易腐烂，导致苗木枯死。与树脂病引起的流胶型症状主要区别是：柑橘流胶病不深入树干木质部为害。

防治方法：

发现病树，及时把腐烂部分及病部周围一些健康组织刮除，然后涂敷25%瑞毒霉可湿性粉剂100倍~200倍液、90%三乙膦酸铝（乙磷铝）可湿性粉剂200倍液、21%过氧乙酸20倍液、80%赛得福可湿性粉剂25倍液。

五十、什么是脐橙果实返青？如何防治？

1. 果实返青的概念

果实返青，是指脐橙果实着色成熟后，又从果实蒂部开始，逐步恢复果皮绿色的生理现象。一般短时间的果实返青，基本不影响果品内质，但

会导致果实外观形状变差,影响果实的商品性,果实长时间返青过熟,果实固形物和糖分有所下降。

2. 果实返青的原因

与苹果、桃等水果果皮主要靠花青素着色的机制不同,脐橙果实着色,主要靠类胡萝卜素和类黄酮转色,需要低温,温度越低,色泽更加鲜艳,但温度又不能低过果实冰点,冻伤果实。三峡库区冬季1月平均温度7℃左右,得益于四川盆地和三峡库区大水体保护,产区极端最低温-2℃左右,能够满足柑橘越冬低温和果实着色需要。

开春以后,晚熟柑橘仍然挂在树,温度逐渐回升,类胡萝卜素遭到高温破坏,随着温度的升高,果实皮色变淡,未充分成熟的果皮又恢复合成叶绿素的能力,出现"果实返青"。果实返青初期,先是果实蒂部果皮转青,也称"盖头青",随着温度升高、日照增强,果实返青愈重;在果实成熟期,树体氮素营养过旺,遭遇连阴雨,土壤含水量充足,或此时喷洒赤霉素类激素等保果药剂,会加重果实返青。

3. 果实返青的防控

第一，实时采收。果实返青主要发生在4月份以后春季升温后，在果实返青前采摘，可以有效规避果实返青。采摘时，可先采阳山果园，后采阴山果园；同一果树，可先采中上部外层果实，后采下部和内膛果实，减轻因温度回升导致的果实返青。

第二，加强果园排水。理通排水沟渠，排水良好的果园可以缓解果实返青。

第三，药剂预防。冬季，可喷多效唑抑制晚秋梢和冬梢，抑制树体内赤霉素；4月开花期，花果同树时，禁限用赤霉素等生长激素，抑制果实提前返青。

第四，药剂控制。已发生返青的果实，采后可用40%乙烯利水剂喷施或浸泡果实脱青。

第三章

适宜范围与技术标准

第三章 适宜范围与技术标准

一、奉节脐橙生产适宜范围

奉节脐橙生产适宜范围见图 3-1。

图 3-1 奉节脐橙地理标志产品保护范围图

二、柑橘营养诊断标准值

柑橘营养诊断标准值见表3-1、表3-2。

表3-1 柑橘叶片营养诊断标准值[1]

元素	单位	极缺	偏低	适宜	偏高	过量
氮	%	<2.20	2.20-2.50	2.50-2.80	2.80-3.00	>3.00
磷	%	<0.10	0.10-0.12	0.12-0.16	0.16-0.30	>0.30
钾	%	<0.70	0.70-1.00	1.00-1.50	1.50-2.00	>2.00
钙	%	<1.60	1.60-3.00	3.00-5.00	5.00-7.00	>7.00
镁	%	<0.20	0.20-0.30	0.30-0.50	0.50-0.70	>0.70
硫	%	<0.14	0.14-0.20	0.20-0.40	0.40-0.50	>0.50
氯	%	—	—	<0.50	0.50-0.70	>0.70
铁	ppm	<35	35-60	60-120	120-200	>200
锰	ppm	<18	18-25	25-100	100-300	>300
锌	ppm	<18	18-25	25-100	100-200	>200
铜	ppm	<4	4-6	6-16	16-20	>20
硼	ppm	<20	20-35	35-100	100-200	>200
钼	ppm	<0.05	0.05-0.1	0.1-2.0	2.0-50	>50

[1] 来源于《柑橘营养诊断配方施肥技术规程》(DB 50/T 487)。

表 3-2 柑橘园土壤养分分级指标[1]

元素	单位	一级	二级	三级	四级	五级	六级
有机质	%	>4	3-4	2-3	1-2	0.6-1	<0.6
氮	ppm	>150	120-150	90-120	60-90	30-60	<30
磷	ppm	>40	20-40	10-20	5-10	3-5	<3
钾	ppm	>200	150-200	100-150	50-100	30-50	<30
钙	ppm	—	>3000	2000-3000	1000-2000	200-1000	<200
镁	ppm	—	>500	300-500	150-300	80-150	<80
硫	ppm	—	>30	20-30	10-20	8-10	<8
氯	ppm	—	10-25	25-50	50-150	150-300	10<>300
铁	ppm	—	>20	10-20	4.5-10	2.5-4.5	<2.5
锰	ppm	—	>300	200-300	100-200	50-100	<50
锌	ppm	—	>5	2-5	1-2	0.5-1	<0.5
铜	ppm	—	>1.8	1.0-1.8	0.5-1.0	0.1-0.5	<0.1
硼	ppm	—	>2	1.0-2.0	1.0-2.0	0.25-0.5	<0.25
钼	ppm	—	>0.3	0.2-0.3	0.15-0.2	0.1-0.15	<0.1

[1] 来源于《柑橘营养诊断配方施肥技术规程》(DB 50/T 487)。